KB097930

초등 감정 연습

아이의 감정 조절부터 엄마의 마음챙김까지

초등 감정 연습

박태연 지음

프롤로그

감정에 휘둘리는 아이, 감정을 다스리는 아이

저는 전문 상담 교사로 근무하면서 매년 수백 명의 학생과 부모님을 상담하고 있습니다. 학생, 부모님은 저에게 수시로 찾아와 크고 작은 문제를 상담하고 조언을 구합니다. 상담을 받은 후 고민거리나 문제가 해결되어 얼굴에 웃음꽃이 피는 아이들을 볼 때 저는 상담 교사라는 직업을 선택한 것에 대해 자부심과 만족감을 느낍니다.

사실 심리 상담을 공부한 이후에 제 삶에도 많은 변화가 나타났습니다. 가족을 예전보다 더 많이 이해하고 사랑할 수 있게 되었습니다. 사랑하는 남편, 부모님, 동생은 저를 믿고 신뢰하며 지지해 줍니다. 그야말로 행복하고 즐거운 인생을 살고 있습니다. 심리학이 저와 제 삶을 변화시켰습니다.

하지만 어린 시절을 돌이켜 보면 저는 수시로 감정에 휘둘리는 아이였습니다. 작은 일에도 예민하게 반응하며 짜증을 자주 내었습니다. 제가 조금이라도 부정적인 감정을 보이려 하면 엄하신 부모님은 매번 "나쁜 감정은 표현하지 않는 것이 좋단다."라고 말씀하시며 부정적인 감정을 표현하지 못하게 하셨습니다. 그래서 저는 부모님의 사랑을 받기 위해 긍정적인 감정만 표현하려 애썼습니다.

저는 감정 표현이 서툰 아이였습니다. 감정을 표현하는 것이 익숙하지 않아 친한 친구들에게조차 감정을 제대로 표현하지 못하였습니다. 감정을 표현하지 않으니 친구들과 친해지기도 어려웠습니다. 감정 표현이 어렵고 감정에 자주 휘둘렸던 저는 자신감과 자존감이 떨어졌습니다. 그 어린 나이에도 자주 불행하다는 느낌을 받았습니다.

힘든 어린 시절을 보낸 후, 자신을 이해하고 감정을 다스리는 것이 인생에서 정말 중요하다는 사실을 깨닫고 상담 공부를 시작하였습니다. 상담심리학을 전공하면서 감정에 휘둘리기보다는 감정을 다스릴 수 있는 사람으로 차츰 변화되어 갔습니다. 자신에 대한 부정적인 생각과 감정도 사라졌습니다. 그리고 어느 순간부터 저 스스로가 나를 사랑하고 타인을 공감할 줄 아는 사람이 된 듯한 느낌을 받았습니다. 지금은 전문 상담 교사로서 아이들이 자신의 감정을 이해하고 조절할 수 있도록 상담과 교육을 하고 있습니다.

주위에서 감정 표현이 서툴거나 감정을 조절하지 못하는 아이들을 흔히 볼 수 있습니다. 그런데 애석하게도 부모님과 상담을 하다 보면 아이를 사랑하지만 아이가 자신의 감정을 조절할 수 있도록 양육하고 교육하는 일에 어려움을 느끼는 분이 꽤 많습니다. 삶이 너무나 바쁘고 힘들어서 정작 부모님 자신의 마음을 돌볼 여력이 없는 분도 계십니다.

감정을 조절하는 힘은 어느 한순간에 길러지는 것이 아닙니다. 아이들은 다양한 경험과 환경과의 상호작용을 통해서 감정을 조절하는 방법을 배웁니다. 감정 조절력은 학습 능력, 대인관계 능력, 창의력, 문제해결력, 자존감, 자신감 등과 밀접히 연관되며, 아이의 평생을 좌우할 중요한 능력이므로 반드시 길러 주어야 합니다.

초등학교 입학 이후에 아이들은 학교생활을 시작합니다. 그런데 감정 조절이 어려운 아이는 또래 관계를 유지하기 어려워 위축되거나 따돌림의 대상이 됩니다. 또한, 산만하고 수업에 집중하지 못하여 학습에 많은 어려움을 겪게 됩니다.

감정에 휘둘리는 아이가 아닌 감정을 다스리는 아이로 키우기 위해서는 집단 교육을 갓 시작하는 초등학생 때부터 감정 조절 연습을 시작해야 합니다. 이 책을 통해 초등학생 부모님부터 중고등학생 부모님들이 아이와 자신의 감정을 이해하고 조절하는 방법을 배울 수 있습니다.

학교에서 아이를 상담하다 보면 정서, 사고, 행동을 조절하지 못해 문제를 일으키는 경우를 자주 만납니다. 그런데 더 안타까운 것은 정작 부모님이 아이의 크고 작은 문제를 인지하지 못할 뿐만 아니라, 행여 알더라도 아이를 도울 방법을 모르고 있다는 것입니다.

특히 엄마는 아이와 가장 가까운 관계를 맺고 있는 만큼, 아이를 세심히 관찰하면서 감정을 조절하는 능력을 길러 줄 수 있는 최고의 코치입니다. 일상에서 엄마가 아이와 함께 감정 조절 연습을 한다면, 아이는 비교적 빨리 문제에서 벗어날 수 있을 것입니다.

이 책은 엄마가 일상생활에서 아이의 감정 조절 능력을 향상시킬 수 있는 구체적인 방법을 제시해 줍니다. 인지 조절력 키우기, 마음 들여다보기, 감정 표현하기, 경청하고 공감하기, 마음을 사로잡는 대화하기, 자존감 키우기를 통해 감정을 다스리고 자기 조절력을 높일 수 있습니다. 제가 학교 상담실에서 학생들을 상담하며 큰 효과를 본 방법들입니다. 엄마도 쉽게 이해하고 적용할 수 있습니다. 아이와 함께 하나하나 실천해 보시기 바랍니다.

끝으로 이 책 《초등 감정 연습》이 출간되는 데 많은 도움을 주신 출판사 관계자 여러분께 감사의 마음을 전합니다. 또한, 평생의 동반자 김성학 님과 가족, 친인척, 친구, 여러 동료에게 두 손 모아 감사드립니다.

이 책을 통해 독자 여러분이 자신과 아이의 감정을 더 깊이 이해하고 공감하며 서로를 사랑할 수 있기를 바랍니다. 또한, 내면이 한층 더 성장하여 행복한 삶을 살 수 있기를 소망합니다.

박태연

차례

3장 "좋은 감정, 나쁜 감정, 이상한 감정"

엄마와 아이의 감정 표현 연습

4장 "잘 들어야 아이의 감정을 읽을 수 있다"

아이의 마음을 여는 경청의 기술

5장 "입을 닫아 버리는 아이, 마음을 활짝 여는 아이"

아이의 감정에 공감한다는 것

6장 "아이의 감정은 인정하고 행동은 규제하라"

아이의 마음을 움직이는 심리 대화법

7장 "스스로 계획하고 스스로 실천하는 아이"

아이의 감정 조절력을 키우는 심리 기술

8장 "어쨌든 인생은 자존감에서 시작한다"

엄마와 아이를 위한 자존감 연습법

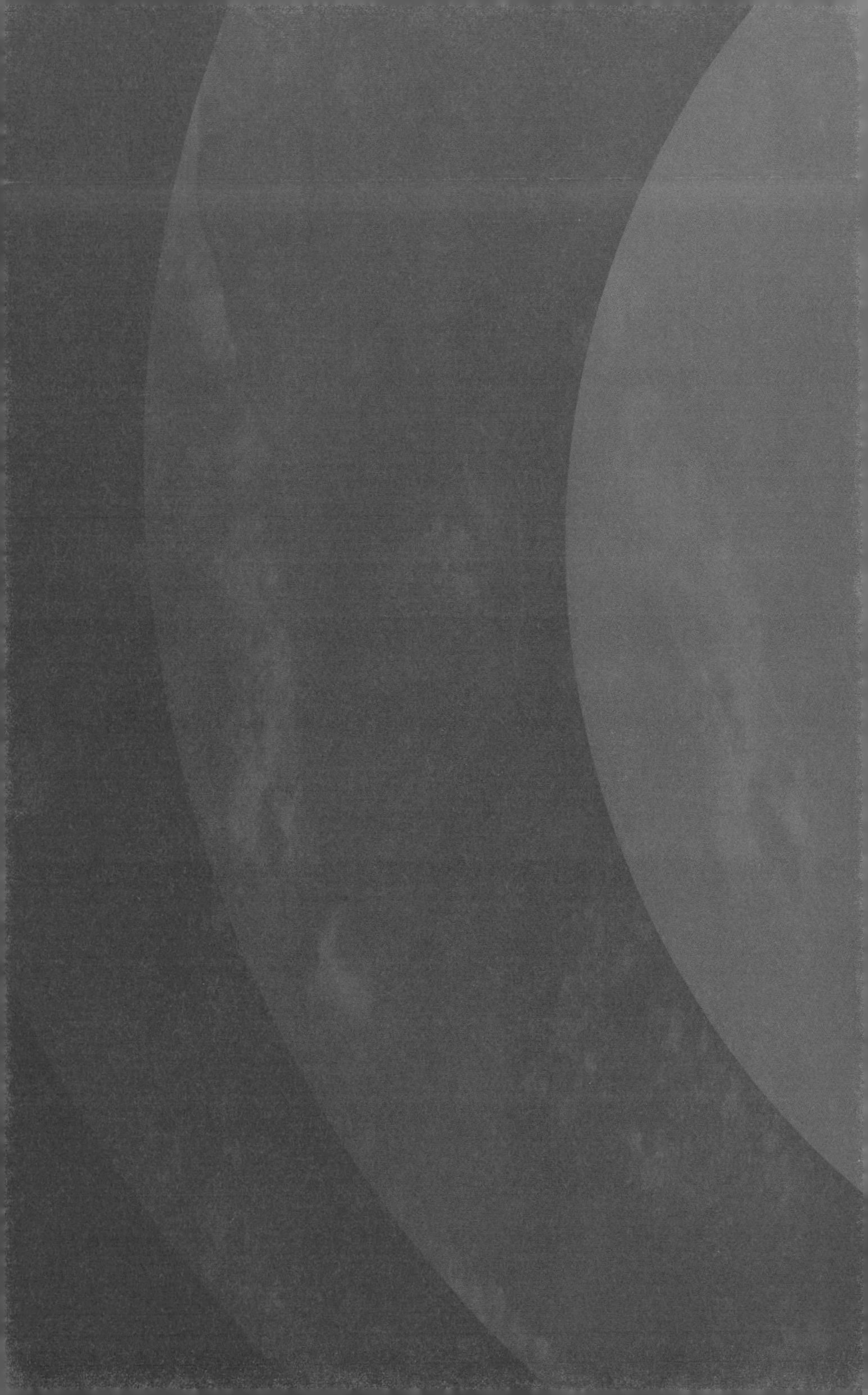

1장

"못 참는 아이, 산만한 아이, 위험한 아이"

초등 감정 연습이 필요한 이유

아이가 스마트폰에 빠지는 뜻밖의 이유

요즘 TV를 틀어 보면 감정 조절을 하지 못해 일어나는 크고 작은 사건을 접할 수 있습니다. 특히 아동·청소년의 흡연, 음주, 따돌림, 폭력, 약물남용, 자해, 자살 같은 문제는 갈수록 심각해집니다. 아이들은 학업성적, 친구관계, 가족관계 등의 문제로 힘들어하지만 적절하게 스트레스를 풀지 못합니다. 스트레스를 건강하게 해소하는 법을 알지 못하고, 해소할 만한 시간적인 여유가 없기 때문입니다.

그럼 우리 아이는 어떻게 스트레스를 풀고 있을까요? 대부분의 아이는 손쉽게 접할 수 있는 TV, 인터넷, 스마트폰 게임을 통해 스트레스를 풉니다. 부모님이 집에 없을 때는 마음껏 스마트폰을 하며 자유를 누립니다. 아이가 온종일 스마트폰만 잡고 있으면 부모님은 아이와 말다툼을 합니다. 엄마는 스마트폰을 너무 많이 사용했으니 그만하라고 하고, 아이는 얼마 사용하지 않았는데 왜 그렇게 못살게 구냐고 짜증을 내는 것이지요. 이 과정에서 아이와 엄마가 크게 다퉈 대화조차 하지 않는 경우도 생깁니다.

가끔은 '요즘 아이들은 게임을 많이 한다고 하더라.'라고 생각하며 아이 마음을 이해해 보려 합니다. 그렇지만 밤늦게까지 게임에 빠진 아이를 볼 때면 화가 나기도 하고, 걱정되기도 합니다.

왜 아이가 스마트폰에 과하게 빠져들까요? 이 문제는 감정 조절과 관련이 있습니다. 감정 조절이 되지 않으면 우울이나 불안, 분노 등의 심리 문제를 겪기 쉽습니다. 이 때문에 주의력 결핍, 충동 조절 어려움, 중독, 자해 같은 행동 문제를 보이는 아이도 많습니다. 우리 아이가 감정을 잘 조절하도록 도울 수는 없을까요?

감정을 조절하는 힘을 키워 주기에 앞서 자기 조절력부터 짚고 넘어가도록 하겠습니다. 자기 조절력이란 상황에 맞게 자신의 감정, 생각, 행동을 스스로 유연하게 조절하고 변화시키는 능력을 말합니다. 자기 조절력이 있는 사람은 자신이 원하는 바를 이루기 위해 끊임없이 노력하고 용기와 도전을 통해 목표를 이루어 냅니다. 이정수 박사는 〈유아 및 교사 변수가 유아의 정서 조절 전략에 미치는 영향〉이라는 연구에서 이 자기 조절력이 인지 조절력과 정서 조절력, 즉 감정 조절력으로 구성된다고 보았습니다.

인지 조절력은 자기 생각을 돌아보고 반성하면서 행동을 스스로 계획, 관리, 평가하는 능력입니다. 즉, 어떤 문제를 인식하고 자신의 능력과 목적에 맞게 계획하고 조정하며 자유롭게 결정하는 것을 말합니다. (여기에서 계획이란 자기 스스로 계획하는 것과 다른 사람의 도움을 얻어 계획하는 것을 모두 의미합니다.) 특히 외부의 제약이 없는 상황에서 자신의 사고를 반성하고 점검하여 생각을 명확히 하는 것, 그리고 이에 더해 사회적으로 바람직하고 유연하게 행동을 조절하는 능력을 포함합니다. 인지 조절력은 공부할 때의 주의 집중력, 그리고 자기주도학습과 관련이 높습니다. 아무리 놀고 싶어도 내일이 시험이라는 생각을 하며 자신의 욕구를 자제하고 인내심으로 공부하는 것은 인지 조절력이 있기 때문입니다.

정서 조절력은 자신의 감정을 이해하고 바람직한 방향으로 조절하는 능력을 말합니다. 즉, 자신의 감정을 조절하고 타인의 생각과 감정을 이해하고 인식하여 융통성 있게 문제를 풀어 나가는 능력이라고 정의할 수 있습니다. 감정 조절은 정서 인식, 정서 억제, 정서 대처하기로 구분할 수 있습니다. 정서 인식은 자신과 타인의 감정을 알아차리는 것을 말합니다. 정서 억제는 외부의 요구나 상황에 맞추기 위해 자신의 충동을 통제하는 능력을 말합니다. 정서 대처하기는 자신이 느끼는 정서를 알맞게 표현하기 위해 바꾸는 것을 말합니다. 감정 조절력이 높으면 화나 짜증이 나는 상황에서도 사회적으로 바람직한 방향으로 유연하게 자신의 마음을 표현할 수 있습니다.

* * *

왜 아이가 스마트폰에 과하게 빠져들까요?
이 문제는 감정 조절과 관련이 있습니다.
우리 아이가 감정을 잘 조절하도록 도울 수는 없을까요?

아이의 감정은 죄가 없다

유아기에 부모님 말씀을 잘 듣던 아이도 초등학교 5~6학년 무렵부터 쉽게 짜증을 내며 자주 화를 냅니다. 기분이 좋을 때는 부모님 말씀을 잘 듣지만, 기분이 안 좋을 때면 방에서 나오지 않고 혼자 끙끙대기도 합니다. 이 시기의 아이들은 대부분 어떤 일을 할 때 실수가 잦습니다. 또한 부모님 입장에서는 작아 보이는 일에도 쉽게 스트레스를 받고, 게임이나 인터넷을 통해 기분을 풀려 합니다.

아이들의 이런 행동을 한두 번은 경험해 보셨을 것입니다. 부모님은 아이의 행동이 이해되지 않고 '내가 아이를 잘못 키웠나?' 하는 생각을 하기도 합니다. 그러나 대부분의 아이들은 어른과 달리 충동 조절을 하기 어렵고 계획을 잘 세우지 못하며 행동을 통제하지 못하는 경우가 많습니다. 이는 아이의 뇌가 아직 완전히 성장하지 못했기 때문에 나타나는 자연스러운 현상입니다. 또한, 감정 기복이 심하고 정서적으로 불안정해 보이는 것도 호르몬의 영향 때문입니다.

인간의 뇌를 살펴볼까요? 뇌에서 사람의 감정, 기억, 성욕, 식욕을 담당하는 곳을 변연계라고 합니다. 우리는 변연계를 통해 다채로운 감정을 느낍니다. 즐거운 일이 생기면 기뻐하고, 반가운 친구를 만나면 행복해하며, 사랑하는 사람이 다치면 슬퍼합니다. 변연계는 영아기부터 발달하기 시작하여 사춘기가 끝날 때 거의 성장이 끝납니다.

충동과 감정을 조절하며 어떤 일을 계획하고 판단하도록 하는 곳은 전두엽입니다. 전두엽은 변연계와 달리 느리게 발달합니다. 12세 정도가 되면 뇌의 크기는 거의 성장하지만, 전두엽은 아직 미성숙한 상태입니다. 아동·청소년기에는 전두엽이 완전히 성장하지 않아서 화가 나면 생각도 하지 않고 거침없이 말하며 충동적으로 행동합니다.

평균적으로 여자는 24~25세, 남자는 30세가 되어야 전두엽이 제대로 기능할 수 있습니다. 이때가 되어야 어떤 일을 계획하고 올바로 판단하며 감정을 조절하고 충동을 통제할 수 있는 것입니다. 따라서 아이가 어른처럼 판단하고 감정을 조절하기를 바라는 것은 애초부터 무리한 요구입니다.

아이들은 아직 전두엽이 완전히 성장하지 않았기 때문에 이성적으로 판단하지 못할 때가 많습니다. 감정적으로 행동하기 쉬우므로 다그치는 대신 아이의 마음을 먼저 알아주고 이해해 주세요. 대화를 통해 감정을 받아 주고 공감해 주면 갑자기 '욱'하고 올라왔던 아이의 감정도 순식간에 누그러집니다. 그러면 아이는 올바른 판단을 할 수 있게 되고 스스로 좋은 해결책을 찾을 수도 있습니다.

★ ★ ★

여자는 24~25세, 남자는 30세에야 전두엽이 제대로 기능합니다.
아직 뇌가 완전히 성장하지 않은 상태의 아이가
어른처럼 판단하고 감정을 조절하기를 바라는 것은
애초부터 무리한 요구입니다.

왜 어떤 아이는 더 외로울까

태어날 때부터 기질적으로 까다롭고 예민한 아이가 있습니다. 이런 아이는 잠을 자기 전에 심하게 보채거나 울기도 합니다. 낮에 잠을 자며 밤에 깨어서 신경질을 부리기도 합니다. 먹는 음식을 가리고 낯선 사람이 나타나면 두려워하고 울고 어쩔 줄 몰라 합니다. 칭얼대는 방식으로 부정적인 감정을 표현하며 환경 변화에 민감하게 반응합니다. 전체 아이의 10퍼센트 정도가 까다로운 기질이라고 합니다. 까다롭고 예민한 아이는 새로운 환경에 적응할 때 다른 아이보다 오랜 시간이 필요합니다.

기질적으로 수줍음과 두려움이 많은 아이, 사회불안, 평가불안 등 정서적인 취약성이 있는 아이는 감정을 조절하는 일이 쉽지 않습니다. 남들은 대수롭지 않게 넘기는 일에 노심초사하며 밤잠을 설치기도 합니다. 사소한 일에도 예민하게 반응하고 스트레스를 견디기 힘들어합니다.

학교에서 수행평가를 할 때 사람들 앞에서 발표해야 하는 경우가 많습니다. 아이가 평가나 발표에 대한 불안이 심할 경우 자신의 실력을 제대로 발휘하지 못하게 됩니다. 사람들과 대화하며 어울리는 것, 모둠활동에서 다른 친구들과 상호작용하는 것에 대한 불안과 두려움을 느끼는 아이도 많습니다.

이러한 아이에게는 일과 시간에 학교에서 생활하는 일 자체가 힘겹습니다. 아이가 느끼는 두려움과 불안은 심리적인 불안정으로 이어져 학교와 사회에 적응하는 데 어려움을 겪게 됩니다.

요즘 스마트폰에 빠져 사는 아이가 너무나 많습니다. 인터넷이나 스마트폰 때문에 수업 시간에 집중하지 못하고, 학교 과제를 해 오지 않는 아이도 많습니다. 이런 아이들을 상담실에서 만나면 스마트폰 할 때가 제일 행복하다고 말합니다. 또는 "같이 놀 친구가 없어요.", "부모님에게 심심해서 놀아 달라고 하면 바쁘다고 혼자 놀라고 해요.", "매일 공부하고 학원 다니느라 힘들어요. 그렇지만 스마트폰 게임을 하다 보면 스트레스가 다 날아가요."와 같이 대답합니다.

상담실에서 만난 아이들은 외롭다는 말을 많이 합니다. 무엇 때문에 외롭다고 느끼는 걸까요? 직장 생활을 하느라 바쁜 부모님이 아이와 교감할 수 있는 시간은 턱없이 부족합니다. 아이들은 학원을 마치고 집으로 돌아오면 파김치가 되어 있습니다. 아빠는 직장에서 줄곧 야근하며 회식에 참석하느라 어둑어둑해져야 집에 돌아옵니다. 엄마는 직장 일 하랴 집안일 하랴 몸이 몇 개라도 부족합니다. 온 가족이 함께 모여 저녁을 먹고 대화를 나누는 일은 손에 꼽을 정도입니다.

지민이는 스마트폰 게임을 좋아하는 초등학교 3학년 여학생입니다. 검은색 운동복을 좋아해서 자주 입고 다니는데 엄마는 "여자는 옷을 이쁘게 입고 다녀야 하는 거야. 매일 검은색 운동복에 커트 머리만 하고 다니니. 쯧쯧." 하며 핀잔하십니다. 또 "오빠는 전교 1, 2등 하면서 알아서 공부도 척척 하는데, 너는 오빠 반만 따라가 보렴."이라고 말씀하시며 오빠와 지민이를 비교하기도 합니다. 아빠는 지민이가 방에서 게임하는 것을 보면 "지금 뭐 하는 거야? 그렇게 게임만 할 거면 학교 다니지 말아라."라며 화를 내십니다. 지민이는 부모님의 잔소리 때문에 새장에 갇힌 새처럼 마음이 답답합니다.

지민이는 밤늦게까지 스마트폰을 하면서 자유를 꿈꿉니다. 집에서 지민이의 마음을 알아주는 사람은 아무도 없습니다. 학교 친구들과도 어울려 보고 싶지만, 친구들 사이에 끼기도 쉽지 않습니다. 지민이의 외로움과 공허감을 달래 주는 건 스마트폰뿐입니다.

감정 조절이 어려운 아이는 외로운 감정을 자주 느낍니다. 앞의 사례에서 지민이는 평소 외로움, 공허감을 많이 느껴 스마트폰으로 쓸쓸함을 달랩니다. 지민이처럼 외로울 때 스마트폰을 하는 아이가 많습니다. 스마트폰으로는 내가 원하는 것을 쉽게 찾을 수 있고, 밤늦게도 친구와 연결된 느낌이 들기 때문입니다. SNS에 자신의 이야기를 올리면 여러 사람의 관심과 인정을 받는 것 같아 기분이 마냥 좋아집니다.

스마트폰을 사용할 때 아이는 잠시 외로움을 잊습니다. 가상의 세계에서 친구들을 만나는 것은 너무나 즐겁습니다. 페이스북, 인스타그램, 트위터를 하면서 온라인 친구와 소통할 때가 오프라인 친구들을 만나는 것보다 더 편안하다고 느낍니다. 학교 친구들과 대화할 때는 쑥스러워 관계를 맺지 못하는 아이도 SNS에서는 어려움 없이 활발하게 활동합니다.

인간관계에서 상처를 받은 아이 중에는 오프라인 친구보다는 온라인 친구가 더 편하다고 말하는 아이가 많습니다. 이들은 '친구에게 다가갔다가 거절당하면 어쩌지?' 하는 두려움이 커서 친구에게 다가가지 못합니다. 그 대신 표정과 눈빛, 몸짓이 보이지 않는 온라인 세상에서 친구를 만나 외로움을 달래는 것입니다. 온라인 세상은 오프라인 세상보다 인간관계의 상처가 덜하리라 생각하고 스마트폰에서 친구 숫자를 늘리고, 활발하게 활동합니다.

이렇게 스마트폰을 가까이 두고 스마트폰에 빠진 친구들은 정말 외롭지 않을까요? 스마트폰 속의 온라인 친구는 현실 세계 친구와는 본질적으로 다릅니다. 현실에서는 친구의 표정을 볼 수 있고 그가 어떤 행동과 몸짓을 하는지, 말의 속도나 억양은 어떤지 쉽게 알 수 있습니다. 친구가 떡볶이를 좋아하는지, 힙합 음악을 좋아하는지, 만화책을 좋아하는지 알아 갈 수 있습니다. 실제로 함께 지내기 때문에 친구의 특징과 취향을 알아차리기 쉽습니다. 또 현실 세계에서는 친구가 화났을 때 어떻게 행동해야 하는지 몸소 겪어 보면서 친구와 화해하는 법을 배울 수도 있습니다.

스마트폰 속에서 맺어진 온라인 친구는 현실 세계에서 말을 섞어 본 적도 없는 경우가 대다수이기에 직접 만나서 무언가를 해

본 경험이 없습니다. 그러기에 서로를 이해하고 감정을 온전히 나누기가 어렵습니다. 스마트폰을 한다고 해서 본질적인 관계의 욕구가 채워진다고 할 수는 없습니다. 외로움은 함께 이야기를 나누며 공감받을 때 사라지는 것이기 때문입니다.

* * *

아이가 현실 속 친구보다 스마트폰 속 친구를 더 편하게 여긴다면,
아이는 지금 외로워하고 있는 것입니다.
아이의 외로움을 달래 주세요.

아이의 감정이 롤러코스터를 탈 때

감정 조절이 어려운 아이는 부정적인 감정을 자주 느낍니다. 가정이나 학교에서 힘든 일이 생기면 금방 우울해지고 힘들어하는 아이들이 있습니다. 이런 아이들은 선생님에게 꾸지람을 들은 날이면 수업 시간에도 그 충격으로 공부를 하지 못합니다. 친구가 기분 나쁜 말을 하면 계속 그 말을 되뇌며 우울해하다가 친구와도 멀어집니다. 입맛이 없어 종종 식사를 거르기도 합니다. 이렇게 우울해지는 것은 자신의 힘으로 감정을 조절하기 어렵기 때문입니다.

조성은, 홍경자는 〈한국대학상담학회지〉에 실은 글에서 "우울이란 슬픈 감정의 정도가 심각하고 오랫동안 지속되는 병적인 상태를 의미한다."고 말했습니다. 성장 중인 아이들은 롤러코스터를 탄 듯 감정 기복이 심하고 우울, 불안 등의 정서적인 문제를 겪기 쉽습니다.

아이들은 우울 증상을 직접 표현하기보다는 신체 증상으로 나타냅니다. 우울하면 잠을 이루지 못하기도 하고, 두통이나 복통을 느낍니다. 또한 쉽게 피곤해하고 아무것도 하기 싫다며 짜증을 내기도 합니다. 우울함을 표현하는 방법이 성인과 달라 부모님이 아이의 상태를 알아차리기 쉽지 않습니다.

민희는 윤기 없는 긴 생머리에 통통한 얼굴, 표정이 다소 시무룩해 보이는 친구입니다. 기운이 빠져 있는 모습을 자주 보입니다. 민희는 목소리가 작고 사람들과 대화할 때 본인의 감정을 숨기는 편입니다. 민희는 최근 부모님의 이혼 문제로 걱정이 많습니다. 부모님께서 매일 싸우셔서 스트레스를 많이 받았습니다. 두통이나 복통을 자주 느끼고 별것 아닌 일에 눈물이 나기도 합니다. 혼자 가만히 방에 있으면 우울함이 밀려오고, 그러다가 화가 나서 핸드폰을 벽에 던질 때도 있습니다.

민희는 수학, 과학 등의 과목이 어려워 수업을 따라가지 못하고 공부에 흥미를 잃었습니다. 대신 밤늦게까지 웹툰을 보다가 늦잠을 자 학교에 자주 지각합니다. 등교해서도 머릿속에는 어젯밤에 보았던 웹툰 내용만 가득할 뿐입니다. 웹툰을 보는 시간 외에는 거의 아무 생각 없이 넋 놓고 있을 때가 많습니다.

민희는 우울감을 호소하며 상담실을 찾았습니다. 민희는 부모님의 이혼과 무관심 때문에 우울감, 무기력감을 느낍니다. 민희는 부모님이 이혼하시면 누구와 함께 살아야 할지, 버림받는 것은 아닌지 불안해합니다.

우리는 불안함을 느낄 때 감정적으로 초조하고 예민해집니다. 어떤 일이 일어나지도 않았는데 미리 걱정하고 위축됩니다. 아이들도 마찬가지입니다. 요즘 아이들은 친구와의 관계, 가족관계, 학업 스트레스 등으로 불안을 느끼는 경우가 많습니다.

한 친구가 상담실을 찾았습니다. 눈은 바닥만 바라보고 어깨에는 힘이 빠져 있습니다. 힘없이 걸어 들어오는 아이는 요즘 아무것도 하기 싫고 온종일 잠만 잔다고 합니다. 눈을 뜨고 있을 때는 스마트폰을 하면서 시간을 보냅니다.

아이는 초등학교 3학년 무렵부터 새엄마와 함께 지냈는데, 동생들이 태어난 이후부터 새엄마와 아빠는 자신에게 관심을 두지 않았다고 합니다. 더욱이 중학교에 올라와 새 학기가 시작되었는데 반 친구들 사이에 끼지 못해 혼자인 자신이 초라하게 느껴집니다. 가족들이 거실에서 함께 대화할 때도 방에서 혼자 스마트폰을 하며 우울하고 불안한 마음을 달랩니다. "스마트폰이 없으면 저는 아무것도 못 할 것 같아요."라고 아이는 울먹입니다.

가정에서 부부 갈등이 심한 경우 아이가 우울, 불안 등의 심리적인 증상을 보일 수 있습니다. 집에서 부모님이 언어폭력을 일삼고 싸우는 일이 반복되면 아이는 스트레스를 받습니다. 게다가 부부의 다툼이 잦아지면 아이를 돌볼 마음의 여유가 없어 아이에게 세심한 관심을 쏟기 힘들고 아이의 마음을 읽기 힘들어집니다.

부모님의 잦은 싸움에 학업에 열중하기 힘들고 마음이 괴로워진 아이는 자신을 위로해 줄 대상을 찾게 됩니다. 학교 밖 친구에게 위안을 얻거나 게임에 몰두하며 자신만의 돌파구를 찾는 것이지요. 이때 스마트폰을 사용하면서 다양한 콘텐츠로 연결되는 사이버 세상을 맛보면 우울감이 잠시 줄어들 수 있습니다. 하지만 스마트폰에 중독되면 스마트폰 외에는 관심이 없어지고, 일상생활을 제대로 하지 못하게 됩니다.

민영이는 자신의 감정 표현에 솔직한 친구입니다. 민영이는 초등학교 2학년 시절, 잘난 척한다는 이유로 같이 다니던 친구 5명에게 따돌림을 당한 적이 있습니다. 친구들은 학교에서 민영이를 째려보기도 하고, 민영이가 지나가면 "이게 무슨 냄새야?" 하며 놀리기도 했습니다.

당시 친구들의 따돌림이 상처가 되어 쉽사리 아물지 않습니다. '내가 잘못해서 친구들이 나를 미워했던 거야.'라고 자신을 자책하고 친구들에게 미안한 마음이 들기도 합니다. 그러나 한편으로는 '내가 뭘 그렇게 잘못했다고 나에게 막말하고 나를 미워하는 거야?'라는 생각에 분노의 감정이 타오릅니다. 민영이는 친구들과 사이가 틀어진 이후로 학교에 가기 싫어졌습니다.

민영이는 엄마에게 "엄마! 우리 이사하자. 나 학교 가는 게 너무 힘들어."라고 종종 말합니다. 엄마는 "학교에서는 친구들과 다투기도 하고 화해하기도 하고 그러는 거야. 뭐 별것도 아닌 일로 이사까지 가자고 하니?"라고 대답합니다. 민영이는 아무도 자신을 이해하지 못하는 것 같다고 느끼며 마음이 힘들 때마다 자해합니다. 가끔은 친구들이 자신의 물건을 훔쳐 가는 꿈을 꾸기도 합니다. 꿈을 꾸다가 소스라치게 놀라며 식은땀을 흘리고 잠에서 깨는 날도 있습니다. 엄마는 이런 민영이가 안쓰럽지만, 너무 어리고 예민해서 그런 것이니 커 가면서 나아지리라 생각합니다.

이 사례에서 민영이는 친구들에게 미안한 마음이 들기도 하지만 분노하기도 합니다. 미안한 마음과 화나는 마음이 공존하는 것인데, 감정 조절이 어려운 아이일수록 양가감정을 자주 느낍니다.

민영이는 자신을 힘들게 한 사람에게 복수심을 가지면서도, 한편으로는 스스로 무가치한 존재라고 생각하며 우울해합니다. 자신을 따돌린 친구가 원망스럽고, 억울한 마음이 듭니다. 나를 따돌린 친구가 똑같이 고통을 느낄 수 있도록 상처를 되돌려 주고 싶습니다. 그래서 친구에게 욕을 퍼붓습니다. 하지만 그러다가도 잠시 후에 미안한 마음이 생기고 자신의 행동에 죄책감을 느낍니다.

인정과 사랑을 받고 싶지만 친구들 사이에서 자신의 존재감을 전혀 느끼지 못하는 민영이는 자주 마음이 힘들어집니다. 이런 일이 반복될 때마다 감정은 롤러코스터를 타지만, 친구도 부모님도 민영이를 이해하거나 위로해 주지 못합니다.

이처럼 아이가 불안, 우울, 원망으로 감정의 롤러코스터를 탈 때, 그 감정을 헤아려 주는 단 한 명의 친구나 어른이 있다면 마음이 안정될 수 있습니다. 퇴근 후에 한자리에 모여 오늘 있었던 일을 이야기하고 말을 잘 들어 주는 시간이 필요합니다. 감정과 생각을 직접 표현할 수 있게 하고 아이의 말을 잘 들어 주면 아이는 부모님과 즐겁게 대화할 것입니다.

아이가 불안해할 때 불안한 마음을 표현할 수 있게 도와주세요. 불안한 마음에 해결책을 제시해 줄 필요는 없습니다. 그냥 잘 들어 주면 됩니다. 그 뒤에 아이의 감정을 공감해 준다면 아이의 불안은 서서히 줄어들 것입니다.

★ ★ ★

아이의 불안한 감정을 공감해 주고 마음을 표현하게 하세요.
해결책을 제시해 줄 필요는 없습니다.
그냥 아이의 말을 잘 들어 주기만 하면 됩니다.

스마트폰이 아이 감정에 미치는 영향

성진이는 기타를 좋아합니다. 학교 수업 외에도 학원에 다니고 있지만, 성적은 하위권을 맴돕니다. 엄마는 "기타 잘 쳐봐야 나중에 변변한 직장도 못 구한다. 좋은 직장 들어가려면 국영수 위주로 공부하고 지금부터 성적 관리를 잘해야 해."라고 말합니다. 성진이는 엄마가 원하는 시간만큼 공부해도 엄마가 바라는 성적을 받을 수 없을 것 같습니다. 그래서 엄마의 말이 부담스럽게 느껴집니다. 엄마의 요구에 맞추기 힘든 성진이는 마음속 깊숙이 '나는 무능하고 못난 아이야. 누구도 나를 좋아하지 않을 거야.'라고 생각합니다.

성진이는 이런 상황이 싫어서 스마트폰 게임을 하며 현실에서 도피했습니다. 스마트폰에 빠져 새벽까지 놀다 보면 아침에 늦게 일어나 학교에 지각합니다. 엄마가 스마트폰을 못 하게 말리면 성진이는 "정말 왜 그래? 스마트폰을 내가 얼마나 한다고…."라고 화를 내며 방으로 들어가 버립니다. 성진이는 이제 하루 4시간 이상 스마트폰을 합니다. 성진이도 스마트폰 사용을 줄여 보려 노력했지만 잘 안 되었습니다. 스마트폰을 손에서 놓으면 마음이 불안하고, 스마트폰 생각에 안절부절못합니다. 학교에서도 계속 스마트폰을 보고 싶다는 생각에 공부가 손에 잡히지 않습니다.

성진이는 스마트폰에 빠진 이후로 공부에 더 소홀해졌습니다. 잠이 부족해서 종종 수업 시간에 엎드려 잡니다. 옆자리 친구가 수업 시간에 성진이를 깨우면 "건들지 마."라며 예민하게 반응하고 화를 냅니다. 충동적으로 교실을 뛰쳐나가기도 합니다. 스마트폰에 빠진 이후 감정 조절이 잘 되지 않아서 친구들과 자주 다투게 되었습니다. 그럴 때마다 불편하고 울적한 마음을 스마트폰으로 달랩니다.

스마트폰에 중독된 성진이의 일상을 살펴보았습니다. 자신의 충동을 조절하지 못하면 중독에 노출될 위험이 커집니다. 특히 스마트폰에 중독되는 아이들이 많은데, 중독이 되면 어떤 증상이 나타나는지 알아보겠습니다.

중독의 주요 증상으로는 '강박적인 생각', '내성', '금단', '재발'을 들 수 있습니다. 성진이는 계속 스마트폰을 보고 싶다는 생각이 드는데, 이것이 강박적인 생각입니다. 스마트폰을 사용하다가 멈추고 쉬어야 할 때도 스마트폰을 만지고 싶은 마음이 사라지지 않습니다.

내성은 이용하는 시간이 늘어날수록 더 빠져들고 처음과 같은 만족감을 얻기 위해 이용 시간을 늘려야 되는 상태를 말합니다. 처음 스마트폰을 접하면 30분만 사용해도 즐거움을 느낍니다. 그러나 스마트폰을 자주 사용하다 보면 30분으로는 처음 느꼈던 즐거움을 느낄 수가 없습니다. 만족할 만큼 하기 위해서는 점점 더 많은 시간을 사용해야 합니다.

내성은 알코올중독, 마약 중독, 쇼핑 중독 등 모든 중독의 대표적인 증상입니다. 알코올중독을 예로 들어 볼까요? 처음에는 소주 반 잔만 마셔도 기분이 좋습니다. 그러나 점점 술에 익숙해지면 나중에는 소주 5병을 마셔야 처음의 기분 좋은 상태를 느낄 수 있습니다. 스마트폰 중독도 비슷합니다. 성진이가 학업에 대한 부담감으로 스마트폰을 사용했을 때는 금방 울적한 기분이 사라졌습니다. 그 이후 울적할 때마다 스마트폰을 가지고 놀면서 우울함을 달랬습니다. 그러다 보니 스마트폰을 이용하는 시간은 계속 늘어나고, 처음과 같은 만족감을 얻기 위해서 하루 4시간 이상 스마트폰에 몰입하게 된 것입니다.

금단은 내성과 같이 중독의 대표적인 증상 중 하나입니다. 금단 증상은 스마트폰을 사용하지 않으면 불안하고, 초조하고 짜증 나며, 일상생활이 재미없는 상태를 말합니다. 성진이가 스마트폰을 손에서 놓으면 마음이 불안하고, 스마트폰 생각에 안절부절못하는 상태가 바로 금단 증상입니다.

우울하고 불안한 마음을 달래기 위해 스마트폰 게임을 시작했습니다. 게임을 해 보니 잡념을 잊게 되어 기분이 좋아졌습니다. 그 이후 마음이 불편할 때마다 게임에 손을 댑니다. 게임에 몰입하면 마음이 편해집니다. 게임에 집중하면 나를 우울하고 불안하게 만든 일을 잠시 잊을 수 있습니다. 게임을 하면 마음이 편해지므로 계속 게임을 하게 됩니다. 게임을 하지 않으면 마음이 불편해질 것 같아서 이제는 지나치게 의존하게 됩니다.

비슷한 다른 예를 들어보겠습니다. 알코올중독자가 술을 끊기 위해 며칠간 술을 마시지 않습니다. 이때 금단 증상이 나타납니다. 손이 떨리고 가만히 있지 못하며 초조하고 과민한 반응을 보입니다. 이러한 금단 증상이 괴로워 술에 다시 손을 대는 사람이 많습

니다

마지막으로 재발은 벗어나려고 노력하지만 계속 실패하는 증상을 말합니다. 성진이도 스마트폰 사용을 줄여 보려 했지만 잘 안 되었는데, 이것을 재발 증상으로 볼 수 있습니다. 알코올중독자의 경우 2년간 술을 끊고 살았더라도 스트레스 상황에 노출되거나 술을 접할 기회가 생기면 술을 다시 마시게 된다고 합니다. 아이들의 중독도 비슷합니다. 스마트폰 사용을 줄여 보려 하지만 반복적으로 실패하고 재발하는 경우가 많습니다.

스마트폰에 중독되면 전두엽과 선조체의 기능이 떨어져 충동 조절이 어려워집니다. 충동이란 생각을 하지 않고 즉각적이고 급하게 행동하는 것을 말합니다. 충동 조절이 어려워지면 나중에 후회할 일을 하게 되어 자신에게 해를 입히는 경우가 많습니다. 어떤 상황에서 신중하게 대응하지 못하고 욱하는 마음으로 행동부터 하게 됩니다.

성진이는 충동 조절을 하지 못해 수업 시간 중에 교실 밖으로 뛰쳐나갑니다. 친구들에게도 예민하게 반응하며 화를 자주 냅니다. 스마트폰을 장시간 사용하게 되면 학업 실패, 수면 부족, 충동 조절의 어려움 등 심각한 문제가 나타날 수 있으므로 위험합니다.

스마트폰 과의존이란 일상생활에서 스마트폰을 지나치게 많이 쓰고, 이 때문에 신체적·심리적·사회적으로 부정적인 결과를 초래하면서도 계속 사용하는 것을 말합니다. 과학기술정보통신부와 한국정보화진흥원이 발표한 '2019년 스마트폰 과의존 실태 조사'를 살펴보겠습니다. 국내 스마트폰 이용자 중 과의존 위험군 비율이 전년 대비 0.9퍼센트 포인트 증가한 20퍼센트로 나타났으며, 특히 유·아동 22.9퍼센트, 청소년 30.2퍼센트가 스마트폰 과의존 위험군(고위험군+잠재적 위험군)으로 조사되었습니다. 유·아동은 전 연령대 중 가장 가파른 증가세를 보였고, 성인보다 청소년이 스마트폰에 의존하는 비율이 높았으며, 부모님이 스마트폰 과의존 위험군이거나 맞벌이 가정일 때 아이가 과의존 위험군일 확률이 더 높았습니다. 중학생, 고등학생, 초등학생 순으로 과의존 위험에 취약했습니다.

스마트폰에 빠진 아이는 해야 할 일을 놓치는 경우가 많습니다. 늦게 자다 보니 아침에 늦잠을 자서 종종 지각을 합니다. 학교에서 내준 과제를 하지 못해 선생님께 야단을 듣습니다. 학교 수업 중에도 어제 봤던 웹툰(또는 어제 하던 게임)이 떠올라 수업에 집중하기 어렵습니다. 스마트폰에 과의존하면 가족과 대화하는 시간도 줄어듭니다. 몸은 자리에 앉아 있지만 스마트폰에 몰입한 나머지 대화에는 참여하지 않습니다.

친구가 말을 걸어도 집중하지 못합니다. 친구는 스마트폰만 하는 아이가 자신의 말을 귀담아듣지 않는다며 불쾌해합니다. 이런 일이 반복되다 보면 대인관계에도 나쁜 영향을 미치게 됩니다. SNS를 사용하는 아이들은 페친(페이스북 친구), 인친(인스타그램 친구), 트친(트위터 친구)을 늘리고, '좋아요' 버튼을 눌러 친구 관리를 하느라 바쁩니다. 사이버 세상에 친구가 있기에, 오프라인의 친구와 얼굴 보고 놀 필요가 없다고 생각합니다. 친구와 직접 접촉하고 놀 기회가 예전보다 확연히 줄어들어서 사회적인 기술을 익히기도 어렵습니다.

최근에는 SNS에서 일어나는 사이버 언어폭력 문제가 심각합니다. 채팅방에서 이야기를 주고받던 아이들이 한 아이를 따돌립니다. 아이들은 욕설과 공격적인 말로 한 아이를 모욕합니다. 다른 사람이 내 말로 인해 얼마나 상처받을지 생각하지 못합니다. 얼굴을 맞대지 않는 사이버 세상에서는 타인의 감정을 배려하지 못하는 일이 많이 발생합니다.

서울성모병원 정신건강의학과 연구팀(김대진 교수, 전지원 박사)이 이와 관련된 연구를 했습니다. 상대방의 표정 변화에 따라 뇌 기능이 활성화되는 정도를 자기공명영상(MRI)으로 관찰하는 실험이었습니다. 결과에 따르면 스마트폰에 중독된 사람은 뇌의 조절 능력이 떨어져 상대방의 표정 변화를 민감하게 알아차리지 못한다고 합니다. 상대방의 표정을 제대로 읽어 내지 못하면 감정을 알아채기 어렵습니다. 따라서 다른 사람을 배려하거나 공감하는 능력이 떨어지게 됩니다.

김혜순 박사는 〈청소년의 스마트폰 중독이 우울, 불안 및 공격성에 미치는 영향〉이라는 논문에서 스마트폰 중독의 위험성을 밝혔습니다. 중독 상태가 장기간 계속되면 전전두피질이 제 기능을 하지 못합니다. 스마트폰을 지나치게 사용하면 우울, 불안, 주의력 결핍, 충동 조절의 어려움, 과잉 행동 등의 다양한 문제를 나타내기에 중독에 이르기 전에 예방해야 합니다.

스마트폰은 간편하게 들고 다닐 수 있기에 PC로 인터넷을 할 때보다 더 쉽게 중독됩니다. 스마트폰을 오래 사용하면 전두엽 기능이 저하되어 판단력과 기억력이 떨어집니다. 눈과 귀가 끊임없는 자극에 노출되기에 일상생활에서 할 수 있는 다른 취미 활동에는 흥미를 느끼지 못합니다.

아이들이 일정 시간 이상 스마트폰에 몰입하면 많은 심리적 문제를 겪게 됩니다. 단순히 재미있어서 시작한 게임이라도 이기게 되면 맛보는 짜릿한 쾌감 때문에 중독의 늪에 빠지기 쉽습니다. 대한소아청소년정신의학회가 정신건강의학과 전문의 121명에게 아동·청소년의 스마트폰 사용에 대한 의견을 물어봤습니다. 그 결과 대부분은 스마트폰 사용 시간에 제한을 두는 것이 필요하다고 답했습니다. 전문의들이 권장하는 일일 사용 시간은 주중의 경우 초등학생 55.25분, 중학생 96.86분, 고등학생 115.04분이며, 주말에는 초등학생 79.67분, 중학생 135.95분, 고등학생 157.69분입니다. 스마트폰을 일정 시간 이상 사용할 경우 득보다 실이 많으므로 스마트폰 사용에 대한 규칙을 정해야 합니다.

한 예로, 다현이 엄마는 아이가 스마트폰에 너무 빠져 사는 것을 보고 큰 결단을 내렸다고 합니다. 초등학생인 다현이가 중학생이 되기 전까지 일정 시간 동안 스마트폰을 쓰지 못하게 했습니다. 그리고 아이의 침실에서는 전자기기를 사용하지 못하게 했습니다. 전자기기는 중독성이 있어 아이가 장시간 사용할 수 있다고 판단했기 때문입니다.

스마트폰 사용을 제한하는 대신 아이와 대화하는 시간을 늘렸습니다. 저녁 식사 시간에 모여 오늘 하루 즐겁고 행복한 일은 어떤 것이 있었는지 함께 대화를 나누었습니다. 식사 후 엄마가 책을 보면서 아이가 독서 습관을 배울 수 있도록 모범을 보였습니다다. 또한, 아이의 마음이 어떤지 종종 물어보고 "힘든 것이 있으면 언제든지 이야기하렴. 엄마는 네가 어떤 이야기를 하든지 들을 준비가 되어 있어."라고 말해 주었습니다.

다현이네는 전자기기보다 책을 가까이 두고, 책을 읽고 느낀 점에 관해 이야기하는 시간을 자주 가졌습니다. 몇 개월 후 다현이는 점차 스마트폰을 멀리하게 되었고 엄마와의 관계가 예전보다 더욱 돈독해졌다고 합니다.

★ ★ ★

스마트폰에 빠진 아이는 해야 할 일을 놓치는 경우가 많습니다.
친구가 말을 걸어와도 친구에게 집중하지 못합니다.
자신과 타인의 감정의 변화를 알아차리지 못합니다.

스트레스가 칼날이 되지 않도록

요즘 아이들은 학업 스트레스로 심리적인 부담감을 많이 느낍니다. 학교 과제부터 학원 과제까지 공부는 해도 해도 끝이 없습니다. 학교가 끝나고 영어, 수학 학원에 갔다가 집에서 과외를 받고 나면 저녁 9시가 훌쩍 넘습니다. 어떤 부모님은 과외를 마치고 좀 더 공부하라고 이야기하며, 아이의 공부 시간을 관리하기 위해 아이 옆을 맴돕니다.

어떤 친구는 수업을 집중해서 듣고 열심히 공부하지만 성적이 나빠 스트레스를 받습니다. 다른 친구들보다 오랜 시간 공부하고 밤에 잠자는 시간도 줄여 보지만 성적이 오르지 않아 애가 탑니다. 공부해도 성적이 나오지 않으니 학업에 흥미도 떨어집니다.

어린 나이부터 공부하느라 여유가 없는 아이들을 보면 참으로 안타까운 마음이 듭니다. 아이들은 학원을 마치고 집에 돌아와 잠시 여유를 가집니다. 스트레스를 풀 시간이 없다 보니 대다수 아이가 스마트폰을 이용해 스트레스를 해소합니다. 부모님이 게임을 그만하라고 하면 "스트레스가 심해서 게임하는 게 뭐가 어때서요?"라고 대들기도 합니다.

스트레스를 쌓아 두고 풀지 않는다면 어떻게 될까요? 스트레스를 적절히 풀지 못한다면 몸과 마음의 건강을 해치게 됩니다. 심각한 질병의 80퍼센트는 스트레스와 관련이 있다고 합니다. 따라서 다른 사람에게 피해를 주지 않는 건강한 방식으로 스트레스를 해소해야 합니다. 감정 조절이 어려운 아이의 경우 감정 조절을 잘하는 아이들보다 학업 스트레스를 많이 받습니다. 학업 스트레스가 쌓일 때 게임이나 인터넷에 의존하지 않고 스트레스를 풀 수 있는 적절한 방법을 찾는 것이 중요합니다.

이때 스마트폰이나 TV 속의 과격하고 폭력적인 장면에 노출되지 않도록 주의해야 합니다. 영상 속에서 살인을 저지르거나 주먹을 휘두르며 싸우는 장면을 자주 볼 수 있습니다. 난폭한 장면은 마음을 불안하고 초조하게 만듭니다. 영국 버밍엄 대학교의 두 학자가 폭력과 어린이 정신 건강의 관계에 관해 연구한 결과를 〈랜싯〉지에 발표했습니다. TV, 영화, 게임 등에 나오는 폭력이 어린이의 감정과 생각에 부정적인 영향을 준다고 합니다. 폭력적인 장면은 공격성을 불러일으킬 뿐만 아니라 두렵고 고통스러운 감정도 함께 자극합니다. 격렬한 장면에 많이 노출될수록 세상을 부정적으로 바라보게 됩니다. 폭력적인 장면을 많이 접할수록 감정을 조절하기 어렵고 스트레스에 취약해집니다.

태호는 엄마 얼굴을 알지 못합니다. 태어나자마자 부모님이 이혼하셨기 때문입니다. 아빠와 고모가 태호를 함께 키우다가 태호가 3살쯤 될 무렵 아빠는 재혼하셔서 따로 사십니다. 재혼하신 후, 아빠는 태호를 거의 보러 오지 않으셨습니다. 태호는 부모님이 자신을 버렸다고 생각해 마음속에 분노가 가득합니다.

고모는 식당 일을 하시는데 직장이 멀어서 밤늦게야 집에 옵니다. 그래서 태호는 혼자 있는 시간이 많아 외롭습니다. 집에서는 방에 불을 켜지 않고 그림을 그리며 거의 혼자 지냅니다. 가끔 과거에 화났던 일이 생각나면 자기 몸을 다치게 합니다. 처음에는 드라이버로 왼쪽 팔을 누르며 자해했으나 요즘에는 커터칼로 허벅지에 상처를 내기도 합니다. 고모가 집에 와도 고모와 거의 대화하지 않습니다. 고모는 자해하고 학교도 잘 가지 않는 태호에게 화를 내며 잔소리를 합니다. 태호는 고모가 자신의 마음을 이해해 주지 못한다고 생각하며 말문을 닫습니다.

태호는 밤늦게까지 잠이 오지 않아 아침에 자주 지각합니다. 그나마 다행인 점은 좋아하는 과목이 있다는 것입니다. 좋아하는 미술 시간에는 관심을 가지고 수업에 참여합니다.

간혹 스트레스가 심하면 태호처럼 자신을 다치게 하는 경우도 있습니다. 자해(self-harm)는 자신의 몸에 의도적으로 손상을 입히는 행동을 말합니다. 아이가 자해하는 이유는 여러 가지가 있습니다. 내 마음을 알아주는 사람이 없다고 느낄 때, 외롭고 슬프고 불안해서 어떻게 해야 할지 모를 때 부정적인 감정을 잊기 위해 자해를 합니다. 어른에게는 대수롭지 않은 일이라도 아이에게는 감당하기 힘든 고통일 수 있습니다. 이때 감정을 조절하지 못하고 스트레스를 해소하지 못한다면 자해를 합니다. 스트레스 상황에서는 정서를 조절하기 어려워 충동적으로 행동하기 쉽기 때문입니다.

자신의 감정을 억누르는 일이 반복되면 고통스러운 감정을 느끼지 못하기도 합니다. 이런 경우 아이는 자해를 통해 신체적인 고통을 느끼면서 자신이 살아 있음을 확인하고 마음의 안정을 찾으려 합니다. 화났지만 표현할 수 없는 상황에서 화를 푸는 방법으로 자해하기도 합니다. 몸에 상처를 내면 뇌에서는 아드레날린과 엔도르핀이 분비되어서 잠시 고통을 잊게 해 줍니다. 그래서 자해를 반복하게 되는데, 자신의 의지로 이 행동을 멈추기는 절대 쉽지 않습니다.

스트레스가 아이를 극단적인 상황으로 몰고 가지 않도록 평상시 아이가 스트레스를 관리할 수 있도록 도와주어야 합니다. 감정을 잘 조절할 수 있도록 도와준다면 아이도 스스로 스트레스를 극복할 수 있습니다. 아이들은 부모님의 영향과 다양한 경험을 통해 감정을 조절하는 능력을 자연스레 체득합니다. 그러므로 부모님은 감정을 다스리는 능력이 충분히 발달할 수 있도록 아이가 스스로 계획하고 선택할 수 있는 환경을 만들어 줄 필요가 있습니다. 다른 사람이 시켜서 수동적으로 행동하는 대신 자신이 자율적으로 선택하여 행동하게 되면 스트레스를 받지 않고 즐거운 마음으로 무엇이든 해낼 수 있습니다.

스트레스를 극복하기 위해서는 무엇보다 내가 좋아하고 즐거워하는 일을 하는 것이 중요합니다. 스트레스에 약한 아이는 세상을 부정적으로 바라보고 우울감과 분노에 휩싸여 있습니다. 마음속의 스트레스를 자해와 같은 부정적인 방법 대신 건전한 방법으로 표현할 수 있도록 주위에서 도와야 합니다. 미술, 운동과 같이 자신이 좋아하는 활동이나 취미가 있다면 이를 할 수 있도록 격려해 주어야 합니다. 태호는 미술 시간에 마음이 편해졌습니다. 태호에게도 희망이 있는 이유입니다.

또한, 마음속에 있는 말을 하지 못해 스트레스가 쌓이는 경우가 종종 있습니다. 아이가 자신의 감정과 생각을 억누르지 말고 유연하고 부드러운 말로 표현하도록 도와주세요. 이를 통해 긍정적인 마음을 가질 수 있을 것입니다.

★ ★ ★

스트레스를 극복하는 가장 좋은 방법은
내가 좋아하고 즐거워하는 일을 하는 것입니다.
기분이 좋아지면 세상도 긍정적으로 보기 때문입니다.

자기감정을 다루는 아이가 인생도 다룬다

요즘 자신의 욕구를 잘 조절하지 못하는 아이가 많습니다. 작은 유혹에도 주의가 흐트러져서 하던 일을 끝까지 마치지 못한다거나, 욱하고 치밀어 오르는 감정을 주체하지 못해 주먹을 휘두르며 싸우기도 합니다. 스마트폰 사용을 조절하지 못해 숙제하다가도 놀고 싶은 욕구가 올라옵니다. 이때 자기 마음을 조절할 수 있는 아이는 '스마트폰 게임을 하고 싶지만, 숙제를 마쳐야 해. 숙제를 먼저 하자.'라고 다짐하며 묵묵히 해냅니다. 친구가 식당에서 차례를 지키지 않고 끼어들었을 때, 화가 머리까지 올라와 한 대 때리고 싶지만 꾹 참는 것은 자기를 조절하는 능력에서 비롯됩니다.

하고 싶은 것을 못 하게 했을 때 어떤 아이는 참아 내지만, 어떤 아이는 짜증을 부리며 떼를 쓰지요. 이는 아이마다 자기 조절력이 다르기 때문입니다. 자기 조절력은 어려운 상황 속에서도 미래를 긍정적인 시각으로 바라보며 인내하고 견뎌 내는 힘과 관련됩니다.

스탠퍼드 대학교 월터 미셸 교수가 했던 유명한 실험을 떠올릴 수 있습니다. 연구팀은 아이들에게 마시멜로 하나를 주면서 15분간 먹지 않고 기다리면 마시멜로를 하나 더 주기로 약속했습니다.

아이들은 어떤 반응을 보였을까요? 선생님이 나가자마자 먹어 버린 아이, 참다가 중간에 먹어 버린 아이, 끝까지 참고 기다린 아이로 나뉘었습니다. 15분을 참고 기다려 마시멜로를 하나 더 받은 아이와 순간의 유혹에 넘어가 마시멜로를 먹어 버린 아이는 무엇이 달랐던 것일까요?

연구진이 15년 후 이 아이들을 다시 만났을 때, 놀라운 결과를 얻었습니다. 15분간 마시멜로를 먹지 않고 참았던 아이는 마시멜로를 먹은 아이에 비해 학업성적이 뛰어나고 리더십이 높아 친구들에게 인기가 많았습니다. 그뿐만 아니라 품행 문제를 일으키거나 중독에 빠질 위험도 현저히 떨어졌습니다. 마시멜로 실험은 인생에서 충동을 조절하는 능력이 얼마나 중요한지를 보여 주는 단적인 예입니다.

자기 조절력은 힘들어도 무조건 참고 견디는 것을 뜻하지는 않습니다. 상황을 견디기는 하지만 그 과정에 고통이 크다면 자존감에 좋지 않은 영향을 받고 부정적인 감정에 휩싸이기 쉽습니다. 자기를 조절하는 힘은 주의를 다른 곳으로 돌려 충동을 자제하고, 참은 결과에 대한 긍정적인 보상을 받아 스스로 만족감과 성취감을 느낄 때 길러집니다.

그런데 절제력이 없는 아이에게 이 힘을 어떤 방법으로 길러 줄 수 있을까요? 마시멜로 후속 실험에서 해답을 찾을 수 있습니다. 후속 실험에서는 마시멜로를 먹지 않고 기다리는 시간을 늘리는 방법을 찾았습니다. 기다리는 동안 다른 재미있는 놀이를 하거나, 마시멜로를 담은 그릇에 뚜껑을 덮어 두는 등 다양한 방법으로 참고 견디는 시간을 늘릴 수 있었습니다. 또한 기다린 아이에게 약속대로 마시멜로를 하나 더 주었을 때 아이의 참을성은 더욱 높아졌습니다.

자신의 생각과 감정, 행동을 절제하는 힘은 약속이 지켜지는 환경, 신뢰할 수 있는 관계 속에서 향상될 수 있습니다. 인내하고,

절제하고, 통제할 줄 아는 아이 뒤에는 그렇게 할 수 있는 환경을 만들어 주는 어른, 그리고 약속을 지키는 어른이 있다고 말할 수도 있겠습니다.

또 다른 연구에 따르면 자기 조절력이 높은 사람은 이혼할 확률이 낮고 직장에서 오랫동안 근무하며 행복한 감정을 더 자주 느낀다고 합니다. 샌드라 애모트, 샘 왕은 충동 조절 능력이 뛰어난 아이는 충동 조절이 어려운 아이에 비해 비판적 사고력, 문제해결력이 높다고 말합니다. 자기 조절력은 비판적 사고력, 문제해결력, 학업성적, 대인관계, 직장 생활, 삶의 만족도 등에 긍정적인 영향을 미칩니다.

자기 조절력은 정서와 행동에도 영향을 줍니다. 자기 조절이 어려운 아이는 게임 중독, 인터넷 중독 등에 노출될 위험이 커지며 우울, 불안, 무기력, 주의력 결핍, 과잉 행동의 문제를 보이기 쉽습니다. 자극적인 상황에서 예민하게 반응하고 공격적인 행동을 보이기도 합니다. 다른 사람의 말이나 행동을 잘못 해석하기도 하고 충동이나 감정을 통제하지 못해서 관계를 그르치기 쉽습니다. 감정을 조절해서 문제를 원만하게 해결하는 능력이 부족하니 학교에 적응하기도 어렵습니다. 따라서 따돌림을 당하기 쉽고 학교폭력의 가해자, 피해자가 될 가능성도 큽니다.

이에 반해 자기 조절력이 높은 아이는 충동을 억제하고 자신의 행동을 통제할 수 있습니다. 자신의 감정, 사고, 행동을 조절하는 힘은 가정, 학교, 사회에 건강하게 적응하기 위해서 꼭 필요합니다. 이 힘은 한순간에 키워지지 않습니다.

* * *

자신의 생각과 감정, 행동을 절제하는 힘은
약속이 지켜지는 환경에서 향상될 수 있습니다.
인내하고, 절제하고, 통제할 줄 아는 아이 뒤에는
그렇게 할 수 있는 환경을 만들어 주는 어른이 있습니다.

자기 조절력이 뛰어난 아이의 6가지 특징

첫째, 집중력이 높다

자기 조절력은 곧 감정을 다루는 힘이기도 합니다. 따라서 자기 조절력이 뛰어난 아이는 힘든 상황 속에서도 감정을 잘 조절하여 쉽게 흥분하지 않습니다. 반면에 자기 조절력이 낮은 아이는 작은 일에도 예민하고 과도하게 반응하여 스트레스를 잘 받고 정서적으로 불안정해지기 쉽습니다.

화나 짜증이 날 때는 스트레스 호르몬인 코르티솔과 아드레날린이 분비되어 교감신경과 부교감신경의 균형이 깨집니다. 스트레스 상황이 발생하면 뇌는 위기 상황이라고 인식하여 '투쟁' 아니면 '도피'라는 반응만을 보입니다. 위기 상황에서 우리의 뇌는 파충류의 뇌와 같이 본능적인 영역에 충실해지고 단순해집니다. 그래서 상대방과 맞서 싸우거나 아니면 도망가는 행동을 보입니다. 이로 인해 스트레스 상황에서는 종합적으로 사고하고 올바르게 판단하기 어렵습니다.

스트레스를 받으면 집중력이 떨어집니다. 공부하다가도 친구와 다투었던 일이 떠올라 책을 읽어도 내용이 머리에 들어오지 않고 주의가 흐트러집니다. 책에 집중하지 못하니 마음은 더 불안하고 초조해집니다. 자기 조절력이 낮은 아이는 스트레스에 효율적으로 대처하는 방법을 잘 모르고 감정 조절이 미숙합니다. 그래서 무언가에 집중하는 능력이 떨어질 수밖에 없습니다.

반대로 자기 조절력이 높은 아이는 집중력도 높습니다. 《딥 워크》의 저자 칼 뉴포트는 "21세기의 IQ는 집중력이다."라고 말하면서 집중력의 중요성을 강조했습니다. 자기 조절력이 높으면 외부 상황에 주의를 빼앗기거나 휩쓸리지 않고 자기 일에 주의를 기울일 수 있게 됩니다. 상황에 맞게 자신의 감정과 행동을 바람직한 방향으로 조절하여 문제를 해결할 수 있습니다.

마음의 근육이 단단한 아이는 집중력이 높습니다. 집중력은 충동을 조절하는 데 도움을 줍니다. 특히 공부할 때 큰 힘을 발휘하며, 성공할 수 있도록 도와줍니다. 집중력은 행복을 좌우하는 핵심적인 능력이므로 아이의 집중력을 키워 주기 위해 부단히 노력해야 합니다.

둘째, 스스로 공부한다

부모님들은 아이에게 열심히 공부하라는 말을 많이 합니다. 보통의 아이들은 책상에 앉아 있는 시간이 길어도 집중하지 못합니다. 부모님이 바라니 마지못해서 하는 공부이기에 당연히 성적도 잘 오르지 않습니다. 아이가 스스로 시간을 관리하며 계획을 세워 공부하는 경우는 드뭅니다. 그래서 학원에 보내거나 과외를 받게 하지만 스스로 하려고 하지 않는 이상 일정한 수준 이상으로 성적이 오르지 않습니다.

자기 조절력은 자기주도학습에 도움을 줍니다. 자기 조절력이 높은 아이는 자신이 계획한 대로 행동하고 관리하며 반성합니다. 예를 들어, 좋은 성적을 얻기 위해 친구와 놀고 싶은 욕구는 잠시 접어 두고 공부에 집중합니다. 스스로 공부 계획을 세우고 목표를 정하여 계획을 실천하기 위해 꾸준히 노력합니다.

자기 조절력이 높은 아이는 자신에게 유익하고 바람직한 방향으로 행동합니다. 자신에게 부정적인 영향을 미치거나 자존감을 손상하는 행동은 스스로 자제할 줄 압니다. 이들은 좋은 결과를 얻기 위해서 감정, 생각, 행동을 어떻게 조절해야 할지 미리 살펴보고 점검할 줄 압니다.

자기주도학습은 자신이 진짜로 원하는 것이 무엇인지 인식하고 공부하는 과정을 일관성 있게 이끌어 가는 학습 형태를 말합니다. 자기 주도적으로 공부하는 아이는 과정을 중요하게 생각합니다. 그래서 공부하던 중에 어려운 문제가 생기더라도 인내심을 가지고 배워 나갑니다. 스스로 좀 더 어려운 과제에도 도전해 보고, 과제를 해결하는 과정에서 공부가 즐겁고 재미있다고 느끼며 몰입합니다. 무엇보다 자기주도학습을 통해 성취감을 맛본 아이는 자신감을 가지게 됩니다. 자신감은 경험을 통해 얻게 되는 산물입니다.

아이가 스스로 동기를 찾고 주도적으로 공부할 수 있도록 가정에서 다양한 기회를 제공해 주는 것이 필요합니다.

셋째, 문제해결력이 뛰어나다

코넬 대학교의 심리학자 앨리스 아이센 교수는 긍정적인 정서가 문제를 해결하는 능력과 창의성을 높인다는 연구 결과를 발표했습니다. 즉, 감정을 잘 조절하는 아이는 문제해결력이 뛰어납니다. 문제해결력이란 문제를 효율적인 방식으로 다루며 새롭고 가치 있는 것을 창조해 내는 능력을 말합니다. 다양한 상황 속에서 자신의 자원을 활용하여 유연하게 문제에 접근하는 능력이라고도 할 수 있습니다. 문제해결력은 창의성과 비슷한 개념입니다.

어려운 상황에 부딪혔을 때 감정적으로 반응하며 나오는 대로 함부로 말하는 사람을 본 적이 있을 것입니다. 자신의 감정을 조절하지 못하고 생각보다 행동이 앞서서 나타나는 일입니다. 화가 나고 짜증이 날 때 결과를 생각하지 않고 감정대로 행동한다면 문제를 원만히 해결하기 어렵습니다. 대인관계도 망치게 되겠지요. 마음이 동요할 때 부정적인 감정을 추스르고 긍정적인 감정으로 바꿀 수 있는 사람은 문제해결력도 뛰어납니다.

화가 나서 욱하는 마음에 어떤 말을 내뱉기 전에, 잠시 자신의 감정을 추스르는 시간이 필요합니다. 자신의 감정이 안정되면 좋은 결과를 위해 어떻게 행동해야 할지 생각해 볼 여유가 생깁니다. 자기 조절력이 뛰어난 아이는 행동의 결과를 예측해 봅니다. 그 후에 상대방을 배려하는 말과 행동으로 문제를 원만하게 풀어 나갑니다.

아이가 일상생활에서 사소한 실수를 하더라도 넓은 마음으로 받아들일 필요가 있습니다. 아이는 실수를 통해 새로운 것을 배울 수 있기 때문입니다. 실수는 아이의 생각이 자랄 수 있는 계기가 됩니다. 아이가 어떤 일을 대하는 태도나 과정에 대해 함께 이야기 나누고 격려해 준다면 문제해결력은 자연스럽게 자랄 것입니다.

넷째, 또래 관계가 좋다

사람은 태어나서 부모, 형제, 친구 등 다양한 사람과 관계를 맺고 어우러져 살아갑니다. 다른 사람들과 얼마나 건강한 관계를 맺느냐에 따라서 삶의 행복과 만족도가 달라집니다. 그러나 인간관계를 어려워하는 사람들이 무척 많습니다. 사람들은 인간관계를 어떻게 풀어 나가야 할지 고민하고 또 고민합니다.

아이들에게도 인간관계는 어렵습니다. 아이가 세상에 태어나 부모님과 관계 맺고 친구들과 대화하고 사귀는 일이 그다지 쉽지 않습니다. 관계 속에서는 갈등과 다툼도 많이 일어납니다. 그러나 갈등과 다툼 속에서 어려움을 극복하면서 아이의 몸과 마음이 성장합니다.

또래 관계에서 아이의 자기 조절력은 사교성보다 더 큰 영향을 미칩니다. 자기 조절력이 높은 아이는 또래 관계도 좋습니다. 감정을 왜곡 없이 있는 그대로 받아들이기 때문입니다. 격한 감정을 느꼈다 하더라도 자신의 감정을 다스릴 줄 압니다. 자신의 감정을 이해하고 조절할 수 있는 사람은 다른 사람의 감정도 이해하며 배려할 수 있습니다. 다른 사람의 감정을 이해하면 대화가 원활하게 이루어집니다. 그래서 학교나 사회에 잘 적응할 수 있고 좋은 또래 관계를 유지할 수 있습니다. 또래 관계가 좋으면 스트레스를 덜 받고 인지 능력이 높아집니다. 원만한 관계는 몸과 마음을 건강하게 만듭니다.

아이가 화가 나면 감정 조절을 하지 못해 부모님에게 심한 말을 퍼붓기도 합니다. 아이는 자신의 감정이 조절되지 않아 상처를 주는 말과 행동을 합니다. 이럴 때는 아이의 행동에 경계를 만들어 주어 잘못된 행동을 하지 못하도록 도와줘야 합니다. 아이의 감정은 모두 받아들이되 그릇된 행동은 고칠 수 있도록 해 주는 것이

지요. 경계를 정해 주지 않으면 아이는 앞으로도 자기를 조절하지 못하고 남에게 피해를 주는 행동을 하여 또래 관계도 나빠집니다. 아이들의 관계는 비교적 단순해서 감정 조절만 잘한다면 나빴던 관계도 금방 회복될 수 있습니다.

인간관계는 삶에 희망과 즐거움을 주는 토대와 같습니다. 따라서 건강한 관계를 형성하고 유지할 수 있도록 꾸준히 노력해야 합니다.

다섯째, 회복탄력성이 높다

자기 조절력이 높은 아이는 스트레스를 덜 받습니다. 스트레스를 받을 때 우리 몸은 스트레스 호르몬을 분비합니다. 스트레스 호르몬인 코르티솔과 아드레날린이 쌓이게 되면 뇌와 정신의 힘이 약해집니다. 따라서 스트레스를 받으면 학업 수행 능력이 떨어지며 집중하기 어렵습니다. 이런 아이에게 야단을 치면 아이는 더 스트레스를 받아 상황은 더욱 악화됩니다. 스트레스가 심해지면 몸과 마음이 병들 수 있습니다. 그렇다고 스트레스가 꼭 나쁜 것만은 아닙니다. 자신이 감당하기 힘든 정도의 스트레스를 계속 받을 때가 가장 큰 문제입니다.

똑같은 상황에 있다 하더라도 사람마다 스트레스를 느끼는 정도는 다릅니다. 친구가 "너는 옷을 정말 이상하게 입고 다니네."라며 놀렸을 때 스트레스에 잘 대처하는 아이는 "나는 이 옷이 좋아. 개성 있고 멋있지 않니?"라고 친구에게 말할 수 있습니다. 반대로 스트레스를 잘 이겨 내지 못하는 아이는 아무 말도 못 하고 속을 끓이며 밤잠을 설칩니다.

스트레스에 대처하는 능력은 회복탄력성과 연관됩니다. 회복탄력성이란 시련과 역경이 닥쳤을 때 오뚝이처럼 다시 일어날 수 있는 능력을 말합니다. 회복탄력성이 높은 사람은 스트레스 상황에서 잠시 힘들어할 수 있지만, 다시 안정감을 찾고 상처를 회복합니다. 아이의 회복탄력성을 높이려면 힘들 때 곁에서 정서적인 공감, 지지, 격려를 해 주어 미래를 긍정적으로 바라볼 수 있도록 도와주어야 합니다. 또래 관계가 좋다면 친구에게 힘든 마음을 나누고 함께 상황을 이겨 낼 방법을 찾는 것도 도움이 됩니다.

고난을 잘 극복하는 아이, 회복탄력성이 높은 아이는 감정을 조절하는 능력도 뛰어납니다. 반대로 말하면 감정을 조절할 줄 아는 아이는 하기 싫은 것도 참고 견딜 줄 압니다. 생활 계획표를 실천하기 위해 꾸준히 노력하고, 부모님과 등산할 때 힘들더라도 참아 냅니다. 자신의 감정을 이해하고 조절하여 긍정적인 마음가짐을 유지하는 아이는 삶의 시련이 찾아와도 이겨 낼 수 있습니다.

여섯째, 몸과 마음이 건강하다

감정을 잘 조절하는 아이는 자신을 아끼고 사랑할 줄 압니다. 그래서 자신의 몸과 마음을 소중하게 생각합니다. 감정 조절이 어려운 아이는 스트레스 상황이 닥칠 때 자해, 중독 등 자신을 파괴하는 행동을 보이기도 합니다. 예를 들어, 학교 선생님에게 혼났다거나 친구에게 놀림받아 너무 속상할 때 음식을 쉴 새 없이 먹고 토하기도 합니다. 이와는 반대로 식사를 거의 하지 않는 거식 증상을 보이기도 합니다. 또는 필요 없는 옷이나 물건을 마구 사면서 용돈을 써 버립니다. 나를 화나게 한 친구를 때리며 폭력적인 행동을 보이기도 합니다. 이른 나이에 술이나 담배에 빠지거나 게임, 스마트폰에 중독되기도 합니다. 이러한 행동은 모두 감정을 다스리지 못해 일어납니다. 자기를 괴롭히는 감정의 영향으로 몸과 마음까지 다치게 하는 것입니다.

스트레스를 받을 때 감정을 조절하면 몸과 마음이 건강해집니다. 아이가 화나는 감정에 휩싸여 쉽게 진정하지 못할 때 감정을 읽어 주고 공감해 주세요. 이해받은 아이는 정서적으로 안정되고, 다른 사람을 이해하고 공감할 줄 알게 됩니다. 자연스럽게 학교, 사회에서 좋은 관계를 맺으며 잘 적응합니다. 마음이 건강하면 몸도 건강해지고 인생이 잘 풀립니다. 마음이 힘들 때 그 마음의 소용돌이에 휘말리는 대신 다른 일에 관심을 두거나 자신을 사랑해 준다면 충분히 이겨 낼 수 있습니다. 감정을 잘 조절하면 몸과 마음이 건강해져서 행복한 삶을 살 수 있게 됩니다.

★ ★ ★

감정 조절력이 뛰어난 아이는 자기 조절력이 높습니다.
생각이 반듯하고 행동이 스마트합니다.
관계가 부드럽고, 성과를 올리며, 인생을 풍요롭게 가꿉니다.

2장

“욱하는 순간, 감정을 가라앉히는 법”

엄마의 마음챙김, 아이의 마음챙김

잔소리를 멈추고 아이 마음부터 챙길 때

동진이가 집으로 돌아오면 엄마는 "학원은 다녀왔니?", "과제는 다 했니?"와 같이 묻곤 합니다. 동진이는 바쁘고 피곤해서 잠시 쉬었으면 좋겠는데, 엄마가 자신을 보고 그런 말부터 하면 저절로 짜증이 납니다.

요즘 우리는 치열한 경쟁 사회 속에서 살고 있습니다. 아이들은 학교에서 좋은 성적을 받기 위해 공부하고, 학교를 마치면 학원에 갑니다. 학원을 마치고 집으로 돌아갈 즈음이면 밤하늘에 별이 보이는 시간입니다. 쉬지 못하고 바쁘게 사는 아이들을 보면 정말 안

쓰럽습니다.

매일 쳇바퀴 돌 듯 바쁘게 사는 아이에게 부모님은 "공부는 다 했니?", "핸드폰 그만해라"와 같은 말을 합니다. 아이가 잘되기를 바라는 마음으로 아이의 행동을 하나하나 챙기는 것입니다. 아이는 부모님의 요구에 버럭 화를 내거나 짜증을 냅니다. 아이가 갑자기 짜증을 내거나 소리를 지르면 부모님은 '얘가 어른을 우습게 아는구나.'라는 생각이 들어 더 혼을 냅니다. 그렇게 아이를 야단치고 나면 '내가 좀 참을 걸 그랬나.'라는 생각이 밀려와 아이에게 미안한 마음이 듭니다.

요즘 아이들은 자신의 마음의 소리에 귀 기울일 여유가 없습니다. 내 마음이 어떤지, 내가 어떤 생각을 하고 있는지, 내가 어떤 행동을 하고 있는지 살펴보지 못합니다. 사정은 부모님도 마찬가지입니다. 갑자기 화가 날 땐 앞뒤 생각 없이 화를 내고 뒤늦게 후회합니다.

친구와 다투거나 엄마에게 혼이 났을 때 아이는 화나거나 짜증나는 감정이 가슴 속에서 올라옵니다. 이러한 감정을 억누르기도 하고 친구나 엄마의 잘못으로 치부하며 상대방을 공격하기도 합니다. 감정을 계속 억누르면 마음의 상처가 오래 남아 언젠가는 곪아 터지게 됩니다. 문제를 남 탓으로 돌리면 상대방과 마음의 거리가 멀어져서 관계에 문제가 생기게 됩니다.

마음이 너무 괴로울 때면, 내 마음을 먼저 살펴보아야 합니다. 내 마음이 기쁜지, 슬픈지, 화가 났는지 들여다보세요. 내 마음이 어떤 상태인지 주의를 집중해서 관찰하는 것이 중요합니다. '마음챙김', 즉 내 마음을 알아차린다는 것은 제삼자의 눈이 되어 객관적으로 내 마음을 온전히 살펴보는 것을 말합니다.

저는 어릴 적부터 부모님에게 "너는 왜 그것밖에 안 되니?", "이걸 성적이라고 받아 오니?", "사내자식이 여자처럼 행동이 왜 그래?"란 말을 듣고 자랐어요. 거의 항상 이런 말을 들으며 자라서 이제는 아무 느낌이 없습니다. 슬프지도 않고 화나지도 않습니다. 저를 비난하는 말을 들어도 아무 느낌이 없고요.

희진이는 자신이 감당하기 힘든 말을 듣고 자랐습니다. 이러한 상황에서 희진이는 자신을 보호하기 위해 감각을 차단했습니다. 그래서 부모님이 희진이에게 비난하는 말을 해도 이제는 아무 느낌이 들지 않습니다. 슬프지도, 화나지도 않습니다. 이러한 상태를 게슈탈트 심리학에서는 '편향'이라고 합니다. 감당하기 힘든 환경에 압도당하지 않기 위해 자신의 감각을 둔화시키는 것입니다.

감각을 둔화시키면 현재 자신의 욕구와 감정을 알아차리기 힘듭니다. 자신의 욕구와 감정을 알아차리지 못하면 욕구와 감정을 적절히 해소할 수 없습니다. 욕구와 감정이 적절히 해소되지 못한 경우에는 우울, 불안, 초조 등의 심리적인 문제와 복통, 두통 등의 신체적인 문제가 나타납니다.

따돌림을 당했던 아이가 보통 때는 잘 지내다가도 불현듯 분노가 치밀어 올라 친구들에게 갑자기 심하게 화를 내는 경우가 있습니다. 해소되지 않은 욕구와 감정이 불쑥 올라오기 때문입니다. 해소되지 못한 욕구와 감정이 남아 있으면 현재 자신의 욕구와 감정을 알아차리지 못합니다. 그러면 다른 사람의 욕구와 감정을 알아차릴 수도 없습니다. 친구의 따돌림에 대한 분노가 마음속에 남아서 현재 자신의 마음을 알아차릴 수 없고 부모님, 친구, 동생 등 타인의 마음을 알아차릴 수도 없습니다.

자신의 마음을 알아차리기 위해서는 그 상황에서 느끼는 감정에 대해 질문해 보는 것이 도움이 됩니다. "그 말을 들으면 어떤 느낌이 드니?", "어떤 감정이 느껴지니?"와 같은 질문을 통해 아이가 자신과 환경을 알아차리도록 도와줄 수 있습니다.

★ ★ ★

내 마음이 너무 괴로울 때면,

내 마음을 먼저 살펴봐야 합니다.

제삼자의 눈으로 내 마음을 온전히 살펴보세요.

엄마인 내 마음부터 알아차리기

나의 마음을 살펴보면 나의 욕구와 감정을 알아챌 수 있습니다. 내 마음을 살펴보지 않으면 내가 무엇을 원하는지, 어떤 감정을 느끼는지 정확히 알기 힘듭니다. 나의 감정을 알지 못한다면 감정을 조절하기 힘들고 나아가 말과 행동을 조절하기도 어렵습니다.

아이가 공부에 흥미가 없어서 공부하라고 해도 하지 않습니다. 공부보다는 친구들과 어울려 놀기를 좋아하고 야구를 좋아합니다. 아이가 하루에 5시간 이상 공부하지 않으면 제 마음이 불안하고 화가 납니다. 그래서 아이 방문을 열어 놓게 하고 아이가 공부하는지 거실에서 점검하기도 했습니다. 아이가 공부하지 않을 때면 "제발 공부 좀 해. 너 그러다 커서 뭐가 될래?"라고 아이에게 화를 낸 적도 있습니다.

내 마음을 알아차리는 연습을 한 이후에는 저의 생각과 감정도 많이 달라졌습니다. 아이가 공부보다는 운동과 친구를 좋아해서 내심 실망했지만 이제 불안하고 화나는 감정에 휘둘리지 않습니다. 제가 어릴 적에 공부에 집중하지 못하고 성적이 좋지 않아 우리 아이만은 공부를 잘하기를 더 원했던 것 같습니다.

"우리 아이는 사회성이 좋아서 친구들과 잘 어울려 놀아요. 그리고 몸도 건강해요. 야구선수가 되고 싶어 하는 우리 아이를 응원해요."라고 말하며 아이를 지지할 수 있게 되어서 너무 행복합니다. 매일 아이와 다투던 예전과는 달리, 이제는 아이의 긍정적인 부분에 초점을 맞추다 보니 아이와 대화도 더 많이 하게 되고 소통이 잘 됩니다. 아이를 이해하게 되어 기쁩니다.

이 사례의 엄마는 어린 시절에 공부를 잘하지 못한 것이 마음에 상처가 되어 내 아이만은 공부를 잘했으면 하는 바람이 간절했습니다. 자신의 부족한 부분을 아이에게 투사해서 아이가 자신의 욕구와 기대를 채워 주기를 바란 것입니다. 그래서 아이가 공부를 일정 시간 이상 하지 않으면 심하게 화내며 야단쳤습니다. 엄마는 '아이에게 공부하라고 강요한 것이 내 마음속의 상처에서 비롯된 것이구나! 아이의 생활에 내가 너무 간섭했구나!'라며 마음챙김을 통해 자신의 마음을 알게 되었습니다.

성호는 혜진이가 자기를 싫어한다고 생각합니다. 그래서 혜진이가 성호에게 말을 걸지 않는다고 생각합니다. 성호는 혜진이가 자기를 싫어해서 마음이 힘들다고 말합니다. 그러나 실제로는 성호가 혜진이에게 분노, 적개심을 가지고 있으면서 오히려 혜진이가 성호를 미워한다고 생각하는 것일 수 있습니다. 이처럼 자신의 감정과 욕구를 남의 것으로 생각하는 것을 심리학 용어로 '투사'라고 합니다. 투사를 하면 자신이 원하는 것과 느끼는 것을 알아차리기 어렵습니다. 상대방의 욕구와 감정도 정확히 알아차리기 어렵습니다.

이는 어른도 마찬가지입니다. 부모는 자신이 가진 단점이나 수치스러운 기억을 아이를 통해서 보기도 합니다. 예를 들어 아이가 동생과 간식을 나눠 먹지 않고 혼자 먹으려 할 때 부모 자신의 모습을 발견합니다. 그래서 아이에게 "넌 어쩜 그렇게 너밖에 모르니? 정말 버릇이 없어."라고 말합니다. 그러면 아이는 자신을 부족하고 나쁜 사람이라고 생각하게 됩니다.

이 경우 부모는 무의식적으로 아이에게 투사하여 아이가 자신을 나쁘게 생각하도록 만들었습니다. 부모가 자신의 단점이나 열등감을 아이에게 투사하여 부정적인 감정을 피하려 하는 것입니다. 이런 부모는 자신이 채우지 못한 욕구와 기대를 아이가 채워주기를 바랍니다. 다른 사람에게 관심을 받고 싶으나 자신의 욕구를 채우지 못한 부모는 아이를 무대에 세워 다른 사람의 관심을 받게 만듭니다. 학벌 콤플렉스가 있는 부모는 아이를 공부시켜 일류 대학에 보내려 합니다. 무의식적으로 자신이 원하는 것을 아이에게서 보상받으려 합니다. 배우자와 관계가 좋지 않다면 아이를 통해 관계의 욕구를 채우고자 합니다.

부모가 아이에게 자신의 열등감이나 수치스러운 행동을 투사하면 아이와의 관계에 문제가 생깁니다. 자신의 마음을 알아차리지 못하므로 아이가 무엇을 원하는지, 어떤 감정을 느끼는지도 알지 못합니다. 자기가 원하는 것을 채우기 위해 아이에게 과하게 요구하게 되고 지나치게 경쟁심을 부추깁니다. 그럴수록 아이는 부모의 요구에 부응하지 못한다고 생각하며 무기력해지고 자신에 대한 부정적인 감정이 생깁니다.

우리 사회에서 부모가 아이에게 자신의 열등감이나 수치심을 투사해 참담한 결과를 보인 사건들이 있습니다. 2000년 부모의 스파르타식 교육과 폭력이 낳은 명문대생 부모 살인사건, 2011년에 일어난 고3 학생 모친 살해사건이 그것입니다. 부모인 내가 무엇을 원하는지, 어떤 감정을 느끼는지 먼저 알아차린다면 예방할 수 있습니다. 자신의 욕구와 감정을 깨닫는다면 크고 작은 문제들도 쉽게 해결될 수 있습니다.

* * *

부모는 자신의 단점을 아이에게서 확인하려 합니다.
인정욕구가 지나친 부모는 아이를 무대에 세워 관심을 받게 하고
학력 콤플렉스가 있는 부모는 일류 대학을 강요합니다.
그러면서 부모 자식 관계가 망가집니다.

흥분한 아이의 감정을 가라앉히는 법

스스로 자신의 마음을 살펴보는 것이 중요한 이유는 무엇일까요?

주의 깊게 살펴보면 내 생각과 감정이 빠르게 변하고 있는 것을 알 수 있습니다. 책을 읽다가도 어제 본 TV 드라마가 떠오르고, 길을 가던 중에도 친구와 다퉜던 장면이 머릿속에 떠오릅니다. 마음을 알아차리는 연습을 하게 되면 나의 감정과 생각을 있는 그대로 바라볼 수 있습니다. 마음챙김은 나의 감정과 생각의 변화를 줄이는 데 도움이 됩니다. 변화가 줄어들면 감정을 조절하기 수월해집니다.

친구와 만나기로 약속을 했는데, 친구가 30분이 지나도 약속 장소에 보이지 않으면 화가 차오릅니다. 30분이 지나 약속 장소에 도착한 친구에게 화를 냅니다. 그 전에 화가 난 내 마음을 살펴봅시다. 그러면 '아, 지금 내가 화가 났구나.'라고 내 마음을 알아차릴 수 있습니다.

알아차림(마음챙김)을 자주 하다 보면 화, 짜증 등의 감정이 나타나자마자 바로 알아차릴 수 있게 됩니다. 나의 마음을 알아차리면 나의 감정을 조절할 수 있습니다. 화나고 짜증 나는 감정도 언제 그랬냐는 듯이 사라집니다. 감정이 조절되면 말과 행동을 조절할 수 있습니다. 말과 행동을 조절하게 되면 친구나 어른들에게 욱하거나 화내는 일이 줄어듭니다.

밤마다 침대에 누워서 '내일 학교에서 선생님이 나한테 발표하라고 하면 어떡하지?', '학교 가서 친구들이 나랑 안 놀아 주면 어떡하지?' 같은 고민을 하느라 밤잠을 설칩니다. 매일 반복되는 고민으로 학교에서 졸기도 하고 아침에 늦잠을 자서 지각하는 날이 많아졌습니다. 지각하는 탓에 부모님은 저를 야단치고 밤에 일찍 자라고 매번 말씀하십니다.

그러다 상담실 선생님께서 알려 주신 알아차림 연습을 해 보았습니다. 밤에 자기 전에 침대에 누워서 현재 느껴지는 신체감각에 집중해 보았습니다. 심장이 두근두근 뛰고, 입술은 바짝 마릅니다. 어깨는 딱딱하게 경직되어 움직이면 아픕니다. 무릎은 움직일 때마다 통증이 느껴집니다. 손가락은 힘이 없어 축 늘어져 있습니다. 눈앞에는 형광등 불빛이 보이고 인형이 침대 옆에 놓여 있습니다. 시계 초침 소리가 째깍째깍 들립니다. 머리에서는 라일락 샴푸 향이 스멀스멀 올라옵니다. 그리고 '아, 내가 초조해하고 불안해하고 있구나!'라며 내 마음을 알아차렸습니다.

이렇게 현재의 감각에 집중하며 내 마음을 알아차리게 되니 놀랍게도 다음 날 일어날 일에 대해 걱정하지 않게 되었습니다. 그래서 매일 자기 전에 현재의 감각에 집중하는 마음챙김을 하면서 잠이 듭니다. 미래에 대한 걱정을 덜 하게 되니 푹 잠들 수 있어서 너무 좋습니다. 학교도 제시간에 등교할 수 있어서 매우 기쁩니다. 미래에 대한 걱정은 현실과는 다른 나의 머릿속에서 만들어 낸 허상이라는 것도 깨닫게 되었습니다.

내 마음을 알아차리면 내가 무엇을 하고 있는지, 무엇을 느끼는지, 무엇을 원하는지도 알게 됩니다. 과거의 상처와 미래의 걱정으로 머리가 복잡하다면 바로 지금의 나를 알아차려 보길 바랍니다. 알아차림은 현재에 집중하여 현재를 살 수 있게 도와줍니다.

이렇게 내 마음을 살펴볼 수 있게 되면, 어떤 사건과 사건에 대해 느끼는 나의 감정, 생각에 온전히 집중할 수 있게 됩니다. 그리고 그 사건과 나의 감정, 생각을 점검하고 재구성할 수 있습니다. 이로써 나의 행동을 조절하고 통제할 수 있습니다. 부모님의 행동이 조절된다면 우리 아이가 마음을 살펴볼 수 있도록 도와줄 여유가 생깁니다. 알아차림을 하는 부모님은 자녀가 감정적으로 반응하는 경우에 아이가 감정 조절을 할 수 있도록 도와줄 수 있습니다.

예를 들어 아빠가 핸드폰 게임을 너무 많이 하는 아이에게 꾸중했다고 가정해 봅시다. 아이는 자신을 혼내는 아빠에 대해 원망과 분노의 감정을 느낄 것입니다. 너무 화가 난 나머지 앞으로 아빠와는 말을 하지 않겠다는 마음도 듭니다. 아빠는 이럴 때 아이가 자신의 마음을 알아차릴 수 있도록 도와줄 수 있습니다. 아이가 자신의 마음을 알아차리면 아빠에게 꾸중받은 일에 대해 지금과는 다른 새로운 관점에서 차분하게 다시 생각해 볼 여유가 생깁니다.

아빠가 막무가내로 꾸중을 하는 대신, 아이에게 이렇게 말해 주면 어떨까요?

"민지야, 민지는 어릴 때 뽀로로를 좋아해서 뽀로로 인형 놀이를 많이 했단다. 민지는 좋아하는 것이 있으면 그것에 집중하는 능력이 어릴 적부터 뛰어났단다. 민지의 크나큰 장점이지. 그렇지만 핸드폰 게임에 너무 집중한 나머지 학교에 잘 등교하지 않고, 과제도 하지 않게 되면 민지가 수업을 제대로 따라가지 못할까 봐 아빠는 걱정이란다. 앞으로 민지가 어떻게 하면 핸드폰 게임을 줄이고 학교생활을 규칙적으로 할 수 있을지 같이 생각해 보자."

그러면 아이는 자신의 행동을 돌아보고 행동의 결과에 대해 반추하게 됩니다. 아이의 장점을 먼저 이야기해 주면 아이는 자신의 강점을 이해하고 강점을 긍정적으로 활용하기 위해 노력하게 됩니다. 아빠의 말에 아이는 자신감이 커지고 자존감도 높아집니다. 자신의 장점을 인식하고 이해하게 됩니다.

아이가 장점이 많다 하더라도 올바른 행동을 하기 위해서는 적절한 한계를 정해야 합니다. 행동의 한계는 자녀가 이해 가능한 선에서 상의하여 정하는 것이 좋습니다. 앞으로 민지는 핸드폰 게임이 생각날 때마다 심호흡을 하며 자신의 마음을 알아차려 보기로 했습니다. 그리고 핸드폰 게임은 하루에 최대 2시간까지만 하기로 약속했습니다.

아이가 화가 나서 몹시 흥분해 있을 때는 어떻게 대화하면 도움이 될까요? 가장 먼저 아이에게 잠시 행동을 멈추고 마음을 추스르게 합니다. 아이의 마음이 진정되면 지금 어떤 감정을 느끼는지 물어봅니다. 더불어 지금 머릿속에 어떤 생각이 드는지 물어봅니다. 마지막으로 어떻게 하면 그 문제를 잘 해결할 수 있을지 함께 대화해 봅니다. 그러면 아이는 흥분을 가라앉히고 자신의 마음을 알아차릴 수 있습니다. 또한, 스트레스를 좀 더 나은 방식으로 해결하기 위해 자신의 감정, 생각, 행동을 조절하게 됩니다.

마음 상태에 따라 감정, 기억이 만들어지고 자아에 대한 생각이 형성됩니다. 그렇기에 마음 상태를 살펴보아 잘 다스린다면 사건과 관련된 감정과 기억을 유연하게 조절할 수 있게 됩니다.

까다로운 상황에 처해 롤러코스터를 타듯이 감정이 오르락내리락할 때가 있습니다. 그럴 때는 지금 이 순간에 집중하며 알아차림을 해 봅시다. 알아차림은 우리의 현재 감정과 생각에 온전히 몰입하게 합니다. 마음챙김은 우리에게 정서적인 안정을 주고 삶을 긍정적으로 바라보게 합니다. 여유로운 마음가짐을 갖게 되면 삶의 주인공이 되어 자유로운 인생을 살 수 있습니다.

★ ★ ★

나의 마음 상태가 어떤가에 따라 감정, 기억이 만들어집니다. 그렇기에 자신의 마음 상태를 살펴보아 마음을 잘 다스린다면 감정과 생각, 행동을 유연하게 조절할 수 있게 됩니다.

아이의 마음챙김, 엄마의 마음챙김

엄마가 아이의 마음챙김을 도와줄 때는 아이의 기분이 어떤지 자주 물어봐 주는 것이 좋습니다. 엄마가 "오늘 기분이 어떠니?"라고 질문하면 아이는 질문에 답하기 위해 자신의 기분을 주의 깊게 살펴보게 됩니다. 만약 아이의 기분이 언짢고 좋지 않다면 어떻게 반응하는 것이 아이에게 도움이 될까요? 먼저, 아이에게 현재에 집중하게 하여 자신의 감정, 생각을 살펴보게 합니다.

예를 들어 아이가 발표하다가 사소한 실수를 했습니다. 아이는 실수한 자신을 바보 멍청이라며 자책합니다. 이때 엄마는 아이가 마음챙김을 할 수 있도록 "지금 어떤 기분을 느끼니? 어떤 생각이 떠오르니?"와 같이 질문해 줍니다. 엄마의 질문에 아이가 자신의 감정을 솔직하게 표현할 수 있도록 격려해 줍니다. 그리고 기분을 언짢게 만든 사건이 유익한 결과를 가져올 수 있도록 다른 관점으로 생각해 보게 합니다.

"발표에서 사소한 실수를 했다고 네가 바보라고 생각하는 것이 너에게 어떤 도움이 될까?", "그렇게 생각하면 너의 기분이 더 나아지니?", "그렇게 생각하면 친구들이나 선생님과의 관계에서 도움이 될까?"

이와 같이 특정 사건에 대한 아이의 생각이 타당한지 스스로 평가해 보게 하는 것입니다. 그러면 아이는 지금까지 가졌던 자기 생각이 현실적으로 도움이 되지 않는다는 사실을 스스로 깨닫게 됩니다.

더불어 아이가 잘할 수 있는 부분에 초점을 맞추어 자신의 행동을 선택할 수 있도록 도울 수 있습니다. 만약 아이의 '끈기'가 장점이라면 꾸준히 끈기 있게 발표 연습을 하도록 도울 수 있습니다. 발표를 잘하기 위해서는 끈기를 가지고 하루에 한 시간씩 발표 연습을 하고 엄마가 옆에서 피드백을 해 주는 것이 도움이 됩니다. 이렇게 마음챙김은 미래를 생각해 볼 여유를 갖게 하며 긍정적인 관점으로 사고하고 행동할 수 있도록 돕습니다.

부모님이 먼저 마음챙김을 하면 자녀의 몸과 마음 상태에 대해 좀 더 주의 깊게 살펴볼 수 있습니다. 그래서 아이가 오늘 표정이 다소 우울하다든가, 목소리 톤이 낮아졌다든가, 보통 때보다 게임에 더 몰입한다든가 하는 모습을 쉽게 발견할 수 있습니다.

엄마가 아끼는 화분을 아이가 깨뜨리면 엄마는 화가 납니다. 속에서 소용돌이 같은 무언가가 일렁입니다. 아이를 향해 "너는 매번 조심성이 없어서 화분을 깨는구나."라는 말이 나오려 합니다. 이때 잠시 심호흡을 하며 자신의 마음을 살펴봅시다. "아, 내가 지금 화가 났구나!"라고 마음을 알아차리면 흥분된 마음이 가라앉고 한결 편안해집니다. 마음이 편안해진 후에는 감정적으로 화를 내거나 상처 주는 말을 덜 하게 됩니다.

자신의 마음을 주의 깊게 살피고 현재에 집중하면 아이를 좀 더 세심하게 돌볼 수 있습니다. 또한, 여러 갈등과 스트레스에 감정적인 반응을 덜 하게 됩니다. 그래서 아이가 자신의 마음을 알아차릴 수 있도록 도울 여유가 생깁니다. 아이가 알아차림을 잘하게 되면 알아차림을 하지 않을 때보다 가정, 학교, 사회생활에 더 잘 적응하고, 스트레스를 잘 이겨 낼 수 있습니다.

★ ★ ★

엄마가 자신의 마음을 알아차리면 감정적인 반응을 덜 하게 됩니다.
그러면 아이가 자신의 마음을 알아차리도록 도울 수 있고,
아이가 알아차림을 잘하게 되면
가정, 학교, 사회생활에서 스트레스를 잘 이겨 낼 수 있습니다.

마음챙김 1단계, 보이는 대로 보기

마음챙김, 즉 마음을 알아차린다는 것은 지금 자신이 무엇을 원하는지, 무엇을 느끼는지, 몸에서 어떤 감각이 느껴지는지, 외부 환경과 상황은 어떠한지를 스스로 깨닫고 경험하는 것을 말합니다. 마음챙김의 예를 살펴봅시다.

길을 걷고 있습니다. 도로에는 흰색 차가 휑 하며 소리를 내고 지나갑니다. 보도블록 옆에는 커다란 소나무가 서 있습니다. 나무에서 새들이 지저귀는 소리가 들립니다. 지나가는 사람들의 발걸음 소리가 뚜

벅뚜벅 귓가에 들립니다. 바로 옆에 지나가는 사람의 오른손에는 피자가 들려 있습니다. 피자 향이 코끝을 스칩니다. 피자가 먹고 싶은 마음에 침이 입속에 한 모금 고입니다. 배에서는 꼬르륵 소리가 납니다. 집에 빨리 가서 맛있는 피자를 먹어야겠다고 생각하며 발걸음을 재촉합니다. 배고픔이 느껴져 불현듯 짜증이 밀려옵니다. 얼굴은 하얗게 굳어집니다.

알아차림을 원활히 하기 위해서는 나에게서 한 걸음 뒤로 물러나서 관찰자의 자세로 내 마음이 어떤지 바라봐야 합니다. 마음이 조급하거나 흥분되어 있을 때는 내 마음을 살펴보기 어렵습니다. 그럴 때는 마음을 편안하게 가질 수 있도록 신체 상태나 환경을 바꿔 보는 것이 좋습니다. 심호흡한다든지, 잠시 휴식을 취한다든지 하여 마음을 가다듬어 봅니다.

알아차림은 무언가를 억지로 보려 하는 것이 아니라 보이는 대로 바라보는 것입니다. (저는 지금 눈앞에 모니터가 보입니다.) 이렇게 있는 그대로를 바라보는 것입니다. 판단, 분석 없이 있는 그대로를 바라봐야 합니다. "책상 정리가 되지 않아 엉망이군. 정리를 제대로 못하는 것으로 보아 게으른 게 틀림없어."와 같이 주관적인 판단, 분석이 들어가면 마음을 제대로 알아차리기 어렵습니다.

게슈탈트 치료의 창시자인 프리츠 펄스가 "알아차림 그 자체가 바로 치료일 수 있다."라고 말했듯이 알아차림만으로도 정서적 안정을 얻을 수 있습니다. 정서적으로 안정된 사람은 매 순간 자신의 욕구와 감정을 살펴보고 알아차립니다. 욕구를 충족하기 위해 지금 이 순간 있는 그대로를 경험하고 환경과 상호작용을 합니다.

알아차림을 할 때는 자신의 호흡이나 지금 이 순간에 주의를 집중해야 합니다. 노력하되 너무 무리할 필요는 없습니다. 집중하다가 주의가 흐트러지면 이를 다시 알아차리면 됩니다. 인내심을 가지고 이 순간에 주의를 집중하여 알아차림을 해 봅니다. 이렇게 내 마음을 살펴보게 되면 현재 떠오르는 감정, 생각, 감각에 온전히 집중할 수 있습니다.

모든 것을 받아들인다는 마음으로 알아차림을 해 봅니다. 미래에 대한 걱정과 과거의 일에 대한 분노를 내려놓고 지금 이 순간에 집중합니다.

나의 경험을 존중하며 마음을 알아차리는 연습을 해 봅니다. 말할 때, 누울 때, 식사할 때, 화장실 갈 때 언제든지 연습할 수 있습니다. 밥 먹을 때 내가 어떤 자세로 앉는지, 어떤 방식으로 수저를 잡는지, 음식을 천천히 씹고 맛보면서 일어나는 느낌과 마음의 변화를 알아차려 봅니다.

평소에 구부정하게 걸어 다니는지, 어깨를 펴고 다니는지 나를 주의 깊게 살펴봅니다. 두 발을 땅에 딛고 오른발을 천천히 앞으로 한 발짝 내밉니다. 발이 땅이나 바닥에 닿을 때 어떤 느낌이 느껴지는지 살펴봅니다. 이어 왼발을 앞으로 천천히 한 발짝 내딛습니다. 발꿈치를 땅에서 들어 올릴 때 발바닥이 어떤 느낌인지 느껴봅니다. 발가락과 발꿈치에서 느껴지는 감각에 집중해 봅니다.

이런 식으로 천천히 발을 움직여 걷습니다. 걸으면서 느껴지는 몸의 감각에 집중합니다. 이때 떠오르는 생각에 주의를 기울입니다. 자신의 감각과 생각에 주의를 기울이면 예전에는 몰랐던 감각이나 생각을 알아차릴 수 있습니다. 그러다 마음속에 다른 생각이 떠오르거나 신체감각이 느껴지면 그것을 그대로 알아차리면 됩니다. 그러면서 자기 생각과 감각이 변하는 것을 느껴 봅니다. 공원 길을 걸을 때나 등교할 때 주위에서 어떤 소리가 들리는지 알아차려 봅니다. 무엇이 보이는지 천천히 걸으면서 살펴봅니다.

지금 주위를 관찰하면서 어떤 것이 보이나요?

어떤 소리가 들리나요?

이렇게 주변을 관찰하면서 느낀 감정을 표현해 볼까요?

★ ★ ★

알아차림은 보이는 대로 바라보는 것입니다.
판단하거나 분석하지 않고 현재 있는 그대로를 바라봅니다.
"책상이 엉망인 걸 보니 게으르군."이라고 생각하는 대신,
책상 그 자체를 있는 그대로 바라봅니다.

마음챙김 2단계,
느리고 깊게 호흡하기

한 어머니에게 "요즘 어떻게 지내시나요?"라고 물었습니다. 어머니는 "아이들을 돌보고 직장 생활을 하며 집안일까지 하느라 몸이 10개라도 모자라요. 아이와 남편은 말을 해도 잘 듣지 않아서 매일 피곤하고 우울해요."라고 말합니다.

일상생활 속에서 속상하고 짜증 날 때도 있고, 울고 싶거나 화가 날 때가 종종 있지요? 힘든 일을 겪은 후에는 몸과 마음이 불편하고 고통스럽습니다. 스트레스를 받거나 긴장하게 되면 심장박동수가 늘어나고 혈압이 올라갑니다. 몸이 경직되고 긴장되면 마음도 편안하지 않습니다. 이럴 때 심호흡을 통해 내 마음을 편안하고 고요하게 만들 수 있습니다. 느린 호흡을 하게 되면 심장박동수가 줄어들고 혈압이 내려갑니다. 그리고 코르티솔이라는 스트레스 호르몬의 분비가 줄어들어 몸이 편안해집니다. 시험 전의 학생이나 시합 전의 운동선수가 심호흡을 통해 몸과 마음의 긴장을 풀 수 있습니다.

여기서 심호흡이란 복식호흡을 말합니다. 복식호흡은 부교감신경 중 미주신경을 자극합니다. 미주신경이 활성화되면 심장박동이 진정되고 근육이 이완되어 안정적인 기분 상태가 됩니다. 복식호흡을 하면 마음이 편안해져서 공부에 집중이 잘 됩니다. 30분 동안 복식호흡을 한 후 뇌파검사를 해 보면 알파파가 나옵니다. 알파파는 몸과 마음이 편안하고 집중력이 높아질 때 나오는 뇌파입니다

우울하거나 불안할 때 복식호흡을 통해 근육을 풀어 주고 마음을 편안하게 해 주면 도움이 됩니다. 한 연구에 의하면 느리고 깊은 호흡을 하루에 12번만 하면 몸이 이완되어 편안해진다고 합니다. 복식호흡을 하면 마음이 편해지고 머리가 맑아집니다. 마음이 불편하고 고통스러울 때는 하던 일을 잠시 멈추고 복식호흡을 해 보시길 바랍니다. 복식호흡은 우리의 몸과 마음을 편안하게 합

니다.

그럼 복식호흡은 구체적으로 어떻게 하는 걸까요? 먼저, 편안한 장소에서 온몸에 힘을 빼고 어깨에도 힘을 뺍니다. 다음으로 지그시 눈을 감고, 코를 통해 천천히 숨을 들이마십니다. 배 속 깊숙이 호흡을 느끼며 2~3초간 숨을 들이마시고, 잠시 숨을 참습니다. 이제 입을 벌리고 4~5초간 천천히 숨을 길게 내쉬어 봅니다. 숨을 들이마시는 시간보다 숨을 내쉬는 시간을 더 길게 합니다. 숨을 들이쉴 때는 풍선이 부풀어 오른다는 느낌으로 배를 불룩하게 내밉니다. 내쉴 때는 풍선에 바람이 빠져 줄어드는 것처럼 배를 수축합니다. 숨을 내쉬면서 근육에 긴장이 풀리고 몸이 편안해짐을 느껴 봅니다.

우리는 평소에 가슴으로 호흡합니다. 복식호흡으로 호흡법을 바꾸기 위해서는 연습이 필요합니다. 휴식 시간, 잠들기 전, 잠에서 깬 뒤 언제든지 복식호흡을 연습해 봅시다. 가정에서는 아이가 우울이나 불안을 느껴 힘들어할 때 복식호흡을 하도록 도와주면 몸과 마음이 편안해지게 됩니다. 아이가 화가 났을 때, 짜증을 부릴 때에도 복식호흡을 하게 하면 아이의 마음이 진정됩니다. 부모님도 불안하거나 근심과 걱정이 있을 때, 마음이 편하지 않을 때 복식호흡을 해 보시길 바랍니다. 그리고 매일 하루에 2번 이상 연습해 보시기를 권합니다.

> 학교 쉬는 시간에 화장실에 갔습니다. 화장실에 있는데 성미와 은정이가 함께 화장실로 들어왔습니다. "너 아까 시연이 말하는 것 봤지? 정말 볼수록 꼴불견이야. 자기만 잘난 줄 알아. 앞으로 시연이랑 같이 놀지 말자. 정말 짜증 나."라면서 성미가 뒷말을 했습니다. 이에 은정이가 "그래. 나도 너랑 같은 생각이야. 시연이는 상종 못 할 애야." 하며 맞장구를 쳤습니다. 화장실에서 이 이야기를 들은 저는 큰 충격을 받고 뒷골이 당길 정도로 화가 났습니다. 심장이 쿵쾅쿵쾅 뛰고, 손은 벌벌 떨리기까지 했습니다.
>
> 일단 마음을 진정시키기 위해 선생님이 알려준 심호흡을 했습니다. '숨을 깊이 들이쉬고 내쉬고…. 들이쉬고 내쉬고….' 2~3분간 반복적으로 심호흡하자 화가 점차 가라앉으며 마음이 편안해졌습니다. 다행히 진정된 마음으로 다음 시간 수업을 들을 수 있었습니다.

복식호흡을 연습한 이후에 화나거나 불안하거나 슬펐던 마음이 어떻게 변화했나요? 마음이 편안해졌나요? 마음이 편안해지면 몸도 편안해집니다. 마음이 편해지면 감정, 생각, 행동을 유연하게 조절할 수 있게 됩니다. 또한, 호흡에 집중하면 살아 있음을 느끼게 됩니다. 살아 있다는 것은 나에게 무엇이든 할 수 있는 에너지가 있다는 뜻이기도 합니다. 삶의 에너지를 느끼면 활력 있고 희망찬 삶을 살아갈 수 있습니다.

★ ★ ★

마음이 불편하고 고통스러울 때는 하던 일을 잠시 멈추고
느리고 깊은 복식호흡으로 마음을 가라앉히세요.
하루에 12번, 느리고 깊은 호흡을 하는 습관을 들이세요.
몸이 이완되고 마음이 편안해집니다.

마음챙김으로 피곤한 일상에 쉼표 찍기

수업 시간을 따분해하는 호재를 상담실에서 만났습니다. 호재는 수업 시간에 자리에 앉아 있기 힘들어서 친구에게 장난을 치며 수업을 방해합니다. 호재는 가만히 앉아 있지 못해 선생님이나 부모님께 매일 야단을 듣는 것이 힘들다고 합니다. 호재에게 장난치고 싶은 마음이 들 때마다 깊이 심호흡을 해 보라고 했습니다. 2~3분 정도 심호흡하면서 자신의 호흡에 주의를 집중하게 했습니다. 그리고 눈앞에 무엇이 보이는지, 어떤 소리가 들리는지 알아차려 보라고 했습니다. 어떤 감각이 느껴지는지, 어떤 생각이 떠오르는지 마음을 살펴보도록 했습니다. 매번 마음챙김 연습을 한 이후, 호재가 수업 시간에 산만한 행동을 하는 일이 거의 없어졌습니다.

상담실에서 아이들에게 마음챙김을 한 이후에 느낀 점을 물어보면 "마음이 복잡했는데 편안해졌어요.", "화가 목까지 찼는데 이제 진정되었어요.", "저에 대해 좀 더 긍정적으로 생각하게 됐어요."와 같이 말을 합니다.

아동, 청소년, 대학생, 성인을 대상으로 마음챙김을 실시한 이후의 변화에 대해 연구한 결과, 마음챙김을 하기 전보다 자신에 대해 좀 더 긍정적으로 평가하고 더 행복감을 느낀다는 결과가 나왔습니다. 또한 마음챙김을 하기 전보다 더 침착해지며 화, 불안 수준도 낮아졌습니다. 더불어 스트레스 상황을 이겨 내는 능력은 더 높아졌습니다.

나를 알아차리면 나를 이해하게 됩니다. '이런 마음이어서 이런 행동을 했구나!' 나를 이해하게 되면 나를 온전히 받아들일 수 있게 됩니다. 또한 나에 대한 연민의 감정과 사랑이 싹트게 됩니다. 나를 사랑할 수 있는 사람이 다른 사람도 사랑할 수 있습니다. 나와 타인을 사랑하는 사람은 모두를 행복하게 합니다.

마음챙김은 자신을 돌아보고 성찰하게 합니다. 또한, 현재의 신체감각을 느끼면서 정서를 조절하게 합니다. 스트레스 상황 속에서 심호흡하며 마음챙김을 하면 마음의 안정과 여유를 찾게 됩니다. 어떤 것에 집착하지 않고 지금 있는 그대로를 받아들이기에 평정심을 유지할 수 있습니다.

연수는 준형이가 자신을 아무 이유 없이 놀린다며 미워합니다. 연수는 마음속으로 준형이가 없어졌으면 좋겠다고 생각합니다. 이런 마음은 현재를 받아들이지 않고 상황을 바꿔 보고자 하는 마음에서 비롯된 것입니다. 연수에게 자신의 마음을 억압하거나 회피하지 말고 지금 있는 그대로 느껴 보라고 했습니다. 반복적인 알아차림 연습 이후로 연수는 우울, 불안과 같은 부정적인 감정이 사라지고 마음이 편안해졌습니다. 그리고 준형이의 말에 과민하게 반응하지 않고 유연하게 대처할 수 있는 힘이 생겼습니다.

우리 모두 부정적인 감정이나 생각에 휩싸일 때가 종종 있습니다. 상처받았던 상황을 다시 떠올리며 과거에 집착하기도 합니다. 우울증이 있는 경우 과거 상황에 관한 생각에 사로잡혀 현재를 알아차리기 힘듭니다. 마음이 힘들 때, 부정적인 감정에 휩싸여 있을 때 마음챙김을 해 보시길 바랍니다. 마음챙김은 미래에 대한 걱정과 과거에 대한 집착에서 벗어나 현실을 회피하지 않고 있는 그대로 바라볼 수 있게 합니다. 더불어 자기 조절력이 높아지고 몸과 마음이 건강해집니다.

피곤하고 스트레스를 받은 날에 갑자기 짜증이 밀려온 적 있으신가요? 내 몸이 힘들고 삶이 버겁게만 느껴질 때는 감정을 조절하기 힘듭니다. 온전하게 의사결정을 하고 감정과 행동을 조절하는 것이 어렵게만 느껴집니다. 예를 들면, 회사에서 고된 일을 마치고 집에 돌아오면 아이가 하는 말이 귀에 들리지 않습니다. 에너지가 고갈되어 충전이 필요하다는 신호입니다. 아이도 마찬가지입니다. 학교 수업을 마치고 학원을 다녀와 과제를 마칠 무렵 거의 파김치가 되어 있습니다. 이럴 땐 휴식이 필요합니다. 잠시 마음챙김을 하며 심호흡을 하는 것이 도움이 됩니다.

아이들은 학업 스트레스로 몸과 마음이 지쳐 있을 때가 많습니다. 에너지가 없는 아이에게 이것저것 요구하면 아이는 화를 내고 짜증을 냅니다. 지나치게 학업 부담을 주는 대신 아이와 휴식 시간을 가지는 것이 좋습니다. 잠시 잠을 잔다거나, 재미있는 책을 읽는 것도 좋습니다. 좋아하는 음악을 들으며 따라 불러 봅니다. 춤을 추면서 흥을 돋우는 것도 좋습니다. 가족과 함께 산책하고 즐거운 대화를 나누는 것도 도움이 됩니다. 맛있는 음식을 먹으며 즐거운 기분을 느껴 봅니다.

잠시 쉬는 것은 고갈된 에너지를 충전하고 스트레스에서 벗어나 몸과 마음을 회복하게 합니다. 휴식은 감정 조절력을 높여 바람직하고 긍정적인 행동을 할 수 있도록 돕습니다.

★ ★ ★

고된 일을 마치고 집에 돌아왔을 때, 아이 말이 들리지 않습니다.
아이는 학교 수업을 마치고 학원을 다녀와 과제를 마칠 무렵
거의 파김치가 되어 있습니다.
이럴 때 잠시 마음챙김을 하며 심호흡을 하는 것이 도움이 됩니다.

3장

"좋은 감정, 나쁜 감정, 이상한 감정"

엄마와 아이의 감정 표현 연습

어떤 감정이라도 괜찮아

상담실에서 아이들에게 "오늘 기분이 어떠니?"라고 질문하면 대부분 "그냥 그래요.", "특별한 거 없어요."라고 말합니다. 많은 아이가 자신의 감정이나 느낌을 표현하는 것을 어려워합니다. 아이들은 자신의 감정에 집중해 본 경험이 별로 없습니다. 게다가 감정을 말로 표현해 볼 기회가 거의 없어서 감정을 표현하는 일이 마냥 어렵게 느껴집니다.

아이들은 감정을 말로 표현해도 괜찮을지 불안해하고 망설이기도 합니다. 어른들은 아이가 자신의 감정을 마음껏 표현할 기회를 마련해 주어야 합니다. 우리는 상대방이 '감사하는, 사랑하는, 즐거운, 활기찬, 재미있는'과 같은 느낌의 감정을 표현하면 쉽게 받아들입니다. 반면에 '걱정되는, 안타까운, 무기력한, 피곤한, 울적한, 절망스러운'과 같은 느낌의 감정을 말하면 왠지 어색하고 마음이 불편해지기까지 합니다.

우울, 혼란, 슬픔, 걱정, 분노, 미움, 질투, 과민함, 변덕 등의 언뜻 부정적으로 느껴지는 감정도 자연스러운 감정이기에 마음껏 표현하도록 해야 합니다. 차분함, 다정함, 행복, 상냥함 같은 긍정적이라 느껴지는 감정만 표현하도록 하는 것이 아니라, 아이가 느끼는 모든 감정을 받아 주겠다는 마음가짐이 필요합니다.

아이가 "친구가 너무 미워서 때려 주고 싶어. 정말 화나서 미칠 것 같아."라고 말합니다. 그러면 아버지는 "너 왜 그렇게 거칠게 말는 거야? 아빠가 험한 말 쓰지 말고 듣기 좋은 말만 쓰라고 했지?"라며 나무랍니다. 아이는 이와 비슷한 상황을 자주 겪으면서 아버지가 싫어하는 단어는 사용하지 않으려 하고 부정적인 감정은 억눌러 버리고 표현하지 않게 됩니다. 아이에게 부모님은 절대적입니다. 아이는 부모님과 잘 지내고 싶기에 부모님의 말을 따르려고 노력합니다.

감정 단어 목록

걱정스럽다	막막하다	서럽다	어색하다	지루하다
곤란하다	못마땅하다	서운하다	어이없다	짜증스럽다
괘씸하다	무섭다	섭섭하다	억울하다	창피하다
괴롭다	무안하다	속상하다	외롭다	허무하다
귀찮다	분하다	슬프다	우울하다	허전하다
난처하다	불만스럽다	실망스럽다	원망스럽다	혼란스럽다
답답하다	불안하다	약오르다	원통하다	화나다
두렵다	불쾌하다	얄밉다	조급하다	힘들다
마음이 아프다	불편하다	뿌듯하다	다행스럽다	흥분되다
가엾다	당황스럽다	민망하다	샘나다	측은하다
궁금하다	떨리다	부끄럽다	안타깝다	후회스럽다
긴장되다	미안하다	불쌍하다	애처롭다	통쾌하다
간절하다	든든하다	사랑스럽다	유쾌하다	행복하다
감격스럽다	만족스럽다	상쾌하다	자랑스럽다	홀가분하다
감사하다	믿음직스럽다	설레다	재미있다	후련하다
고맙다	반갑다	시원하다	즐겁다	흐뭇하다
기쁘다	벅차다	신나다	짜릿하다	흡족하다
놀랍다	부럽다	안심되다		

이렇게 감정을 억눌러 버리면 어떻게 될까요? 부모님이 받아들이는 감정, 즉 행복, 사랑과 같은 긍정적인 감정은 표현하고 부모님이 거부하는 감정인 분노, 짜증, 우울 등의 감정은 표현하지 않습니다. 그 상태로 세월이 흘러 성인이 되면 슬픈 감정, 화나는 감정과 같은 마음이 느껴질 때 어떻게 대처해야 할지 모르며 혼란스러워하게 됩니다. 어릴 때부터 표현하지 못했던 억눌린 감정 때문에 내면의 아이가 상처받고 고통스러워할 수 있습니다. 상처받은 마음은 우울, 불안 등의 심리적인 문제를 겪게 하고, 신체적인 고통을 야기합니다.

어른들은 감정 표현을 자주 하는 아이에게 "너는 너무 변덕스러워."라고 평가하고는 합니다. 물론 감정이 지나치게 자주 바뀌는 것은 문제가 될 수 있습니다. 감정 변화가 지나쳐서 주위 사람들을 힘들게 하거나 자기 자신도 고통스럽게 한다면 심리적인 문제로 인해 나타나는 증상일 수 있으므로 심리 치료가 필요합니다.

과거 1970년대 이전만 해도 감정을 표현하면 미성숙하다고 여겼습니다. 그래서 감정을 드러내지 않도록 교육하는 가정도 있었습니다. "이를 보이고 웃으면 너무 헤프게 보이니 그렇게 웃지 말아라."라든가 "그렇게 까르르 웃으면 너무 어린애 같아."와 같이 감정을 표현하는 것을 좋지 않게 평가하기도 했습니다. 이런 부정적인 평가를 종종 듣는다면 자신의 감정을 드러내지 않는 것이 좋다고 생각하여 감정을 억누르게 됩니다.

아이가 부모님께 사랑받고 싶은 마음에 부모님이 원하는 감정만 표현하게 되면 어떻게 될까요? 부모님 앞에서 마음 편하게 자신의 감정을 드러내기가 어려워집니다. 게다가 감정을 표현할 때 항상 노심초사하며 예민해집니다. 마음이 불편하고 힘들어도 부모님에게 자기 마음을 표현하지 않습니다.

진우 담임선생님께서는 진우가 선생님 말씀을 잘 듣고 공손하며 예의 바르다고 줄곧 칭찬합니다. 진우는 선생님께 이쁨을 받기 위해 학교에서 모범생처럼 반듯하게 행동합니다. 학교에서 좋은 말, 이쁜 말을 사용하고 항상 웃는 얼굴로 생활합니다. 이런 진우에게 엄마는 "학교에서 선생님과 친구들에게 사랑받으려고 애쓰면 마음이 지치고 힘들 때도 있겠네. 엄마는 진우가 어떤 감정을 표현해도 받아 줄 준비가 되어 있단다. 집에서는 마음 편하게 행동하고 느낌을 표현하렴."이라고 말합니다. 이처럼 아이가 부정적인 감정을 보여도 괜찮다고 말해 줍시다.

부모님은 '아이가 어떤 감정을 보여도 난 다 받아 줄 수 있어.'와 같은 마음가짐으로 아이를 무조건 존중하고 이해해 줄 필요가 있습니다. 그러면 아이는 '부정적인 감정도 소중한 감정이고 이해받을 수 있구나.'라고 생각하며 자신의 모든 감정을 말로 표현할 수 있게 됩니다. 자신의 감정을 이해하고 표현하게 될 때 자신의 문제를 가장 잘 해결해 나갈 수 있습니다. '난 항상 너의 편에서 너를 응원하고 지지해 줄 거야.'라는 메시지를 자주 보내 주는 것이 아이의 마음을 안정되게 합니다.

태지가 영주의 볼펜을 부수어서 영주는 화가 났습니다. 태지와 영주는 잘 지내던 친구 사이였습니다. 그러나 한 달 전 볼펜이 부서진 이후로 태지가 영주에게 진지하게 사과하지 않아서 영주는 앞으로 태지와 놀지 않겠다고 합니다. 태지와 영주 둘 다 서로 마음이 상해서 말을 하지 않습니다.

영주 어머니는 "친구끼리 놀다가 그럴 수도 있는 거야. 네가 이해해라."라고 말했지만, 영주는 엄마가 자신의 마음을 이해해 주지 못한다며 서운해하고 속상해합니다. 마음의 위로를 받지 못하는 동안에 태지를 미워하는 감정이 점점 더 커져만 갔습니다. 결국 쌓였던 화가 터져 나왔습니다.

작은 감정이라도 계속 마음속에 쌓아 두고 억누르게 되면 결국 거친 말로 감정을 드러내면서 화가 폭발하게 됩니다.

이러한 상황이 되기 전에, 아이가 작은 감정이라도 표현하면 그 감정을 소중히 여기고 존중해 주는 것이 좋습니다. 감정을 알아주면 마음이 쉽게 안정될 수 있습니다. 그렇지만 감정이 무시되거나 비난받을 때는 '내 감정이 잘못된 거구나, 내가 이런 감정을 느끼는 건 잘못된 거구나.'라는 부정적인 생각을 가지게 됩니다. 자신의 감정이 잘못되었다고 생각하거나 거부감을 가지게 되면 감정을 억누르고 표현하지 않게 됩니다. 반면 자신의 감정을 공감받은 아이는 다른 사람의 감정도 잘 이해하며 받아들입니다.

부모인 내가 지금 어떤 감정인지를 알아차리면 나의 감정이 조절되어 아이의 감정을 이해하고 공감해 줄 수 있습니다. 그래서 아이의 감정을 알아주고 공감해 주기 전에 자신의 감정을 먼저 알아차리는 것이 필요합니다.

아이의 작은 몸짓, 표정, 음성 등을 주의 깊게 관찰하세요. 그 속에 감정이 숨어 있습니다. "오늘 기분은 어떠니?"와 같이 마음에 대해 질문해 보세요. 작은 감정을 하나둘씩 읽어 주면 큰 감정의 회오리를 막을 수 있습니다.

★ ★ ★

엄마가 아이의 모든 감정을 무조건 존중하고 이해해 주면,
아이는 자신의 모든 감정을 말로 표현할 수 있게 됩니다.
자신의 감정을 표현할 수 있을 때
자신의 문제를 가장 잘 해결해 나갈 수 있습니다.

건강한 감정생활을 가로막는 4가지 말 습관

사람들과 대화를 나누다 보면 "직장 상사 때문에 힘들다.", "신랑이 말을 무시해서 불쾌하다.", "아이가 공부를 하지 않아 속상하다."와 같이 걱정과 근심을 달고 사는 모습을 볼 수 있습니다. 그런 사람들은 항상 불평불만만 이야기해서 너무 부정적이라고 생각됩니다. 부정적인 쪽으로 생각하다 보면 항상 부정적인 관점에서 세상을 바라보게 됩니다. 부정적인 부분을 찾아내는 안테나가 매번 작동하기 때문입니다.

생각도 습관이기에, 그럴 땐 생각의 방향을 바꾸어 주는 것이 문제를 해결하는 데 도움이 됩니다. 우울함을 자주 느끼는 사람은 어떤 문제에 봉착했을 때 무기력해져서 먼저 우울한 감정부터 느낍니다. 화를 자주 내는 사람은 어떤 일이 터졌을 때 습관적으로 화부터 솟구쳐 오릅니다. 변덕스러운 사람은 어떤 일을 할 때마다 빠르게 감정과 생각이 변하는 행동을 보입니다.

어떤 일에 대해 느끼는 자신의 감정, 생각, 행동의 유형에 관심을 가지고 주의를 기울여 보세요. 그러면 내가 주로 어떤 쪽으로 반응하고 행동하는지 알 수 있습니다. 화가 자주 올라온다면 화날 때 나의 몸과 마음에 귀를 기울여 보시길 바랍니다. 예전에 해결되지 않았던 억울한 감정이나 분노가 가슴에 쌓여서 지금까지 내 마음을 괴롭히는 것일 수도 있습니다. 내 마음을 살펴보고 알아차리는 것만으로도 상처는 아물고 마음이 평온해집니다.

뇌는 생각하는 방향으로 길을 만든다고 합니다. 반복된 습관은 우리의 뇌에 고속도로와 같은 길을 만듭니다. 긍정적인 생각을 많이 하면 뇌는 긍정성을 강화하여 그쪽으로 길을 만듭니다. 긍정적인 감정을 자주 느끼고 표현하는 것도 하나의 습관입니다. 어떤 방향으로 생각하고 행동할 것인지 선택하는 것도 무의식적인 습관에서 비롯된 것입니다.

긍정적인 생각은 긍정적인 말을 이끌어 내고 긍정적으로 행동하게끔 합니다. 긍정성이 강화되면 유연하고 종합적인 사고가 가능해져서 문제해결력이 높아집니다. 그래서 인생이 술술 풀립니다. 어떤 관점으로 보느냐에 따라 일의 결과가 달라지고 먼 미래에는 인생이 달라집니다. 그렇기에 의식적으로 자신의 감정, 생각, 행동을 긍정적인 방향으로 바꾸기 위해 노력해야 합니다. 습관은 노력으로 변화됩니다. 어려운 상황에 부딪혔을 때도 그 상황에서 얻을 수 있는 긍정적인 관점에 주의를 기울이는 연습을 해보는 것은 어떨까요?

지금부터 건강한 감정 생활을 방해하는 4가지 말 습관을 살펴보면서 어떻게 하면 긍정적으로 바꿀 수 있는지 알아보겠습니다.

첫째, 섣불리 판단하는 말

성희와 미진이는 짝꿍인데, 성희는 미진이가 뚱뚱하고 못생기고 공부도 못하는 멍청이라고 생각합니다. 성희는 미진이를 마음속으로 '찐따'라고 생각합니다. 미진이는 성희와 친해지기 위해서 성희에게 웃으면서 맛있는 사탕을 종종 건넸습니다. 그런데 성희는 이미 미진이를 '이상한 아이'라고 판단하고 있어서 미진이에게 마음을 열지 않습니다. 성희는 냉랭한 말투와 차가운 표정으로 미진이와 거리를 두었습니다. 며칠이 지나 미진이는 성희의 마음을 눈치챘는지 시무룩한 표정으로 풀이 죽어 성희에게 말을 걸지 않게 되었습니다.

아이들은 종종 친구와 친해지기도 전에 얼굴이나 행동을 보고 "특이해.", "관종이야.", "착해."와 같이 평가합니다. '저 친구는 착한 아이니까 앞으로 잘 지낼 거고, 저 친구는 이상한 아이니까 멀리해야지.'라며 고정관념을 가지고 친구들을 대하기도 합니다. 그러면 내가 이상한 아이라고 생각한 친구가 모든 사람에게 이상하게 보일까요? 그렇지 않습니다. 내 눈에 이상하게 보여도 다른 사람 눈에는 멋지고 훌륭한 사람으로 보일 수 있습니다. 나의 주관적인 편견이 머릿속에서 새로운 인물을 상상하여 그에 대한 감정과 생각을 만들어 내는 것입니다.

내가 선입견을 품고 판단해 버린 '나쁜 아이', '이상한 아이'와는 마음의 벽이 생겨서 가까워지기 어렵습니다. 그 친구가 내게 한 발자국 다가온다면 나는 두 발자국 뒷걸음질 쳐서 거리를 두기 때문입니다. 그 친구가 내게 말을 걸면 내 입에서는 그 친구의 가슴에 상처를 주는 말들만 나옵니다. 이런 상황에서 상대방이 내게 마음을 열고 다가오기는 어렵습니다. 쏘아 대는 말을 들은 친구는 화가 나서 씩씩대며 따집니다. 아니면, 우울한 나머지 말 문을 닫고 나와 거리를 두게 됩니다.

한복이는 태영이에게 미술 과제를 도와달라고 부탁했다가 거절당했습니다. 그리고 도움을 거절한 태영이에게 "넌 너밖에 모르니?"라고 말하며 화를 냈습니다. 며칠이 지난 후 화나는 감정이 가라앉은 한복이는 뒤늦게 자신의 마음을 알아차렸습니다. '태영이에게 도움을 받고 싶었는데, 바쁘다며 집으로 가 버려서 내가 서운한 거였구나! 태영이와 함께하고 싶은 마음이었는데….' 나의 욕구와 감정을 알아차린다면 상대방을 판단하거나 비아냥거리는 말은 하지 않게 됩니다. 나를 이해하게 되면 상대방의 마음에도 공감하기 쉽기 때문입니다.

누군가를 내 기준으로 판단하면 상대방의 진짜 모습을 들여다볼 수 없습니다. 나의 느낌만으로 섣불리 그 사람 전체를 판단하는 것은 무리가 있습니다. 내가 원하는 타입이 아니더라도 내 기준과 달라도 상대방에 대한 존중이 필요합니다. 상대방의 몸짓, 표정, 감정 등을 경험하고 있는 내 마음을 알아차려 보시길 바랍니다. '내가 ~한 감정을 느끼는구나.'와 같이 알아차림이 반복되면 나의 욕구와 감정을 쉽게 알 수 있습니다.

평가는 나의 관점에서 상대를 판단한 것이기 때문에 지극히 주관적인 것입니다. 상대방이 나와 다른 생각을 하더라도 그 사람의 생각과 말도 존중되어야 합니다. 나도 모르게 누군가를 평가하려 할 때, 심호흡하며 내 마음을 알아차려 봅시다. '나는 이렇게 말하는데, 저 사람은 저렇게 말하는구나!'라고. 다른 사람을 이해하고 받아들인다면 소통의 통로가 열릴 것입니다.

둘째, 비난하는 말

비난을 받게 되면 누구나 기분이 나쁩니다. 엄마가 "너 옷에 또 음식을 묻히고 다니니? 조심성이 없어서, 쯧쯧."이라고 나무라면 아이는 속이 상합니다. 그리고 '난 정말 제대로 하는 게 없구나.'라고 생각하며 자존감에 상처를 입게 됩니다. 부모님이 아이를 비난하면 아이는 반항심이 생겨서 일부러 부모님이 싫어하는 행동을 하기도 합니다.

부모님께 비난을 자주 받은 아이는 자신의 감정이나 고민거리를 부모님께 말하지 않습니다. 부모님이 자신을 이해해 주지 못할 것으로 생각하며, 또 비난받으면 어쩌나 하는 불안감이 있기 때문에 쉽게 고민을 말하기도 어렵습니다. 아이는 '내가 이런 말을 하면 이것도 제대로 못 하냐고 하시며 또 나를 나무랄 거야.'라고 미리 생각해 입을 닫습니다.

아이는 실수할 수 있고 잘못된 행동을 할 수도 있습니다. 아이는 실수를 통해 배우고 성장합니다. 아이에게 어른과 동일한 잣대에 맞추어 행동하라고 하는 것은 무리입니다. 아이가 잘못된 행동을 했다면 자신의 행동을 되돌아볼 수 있게 도와주고, 어떤 점이 잘못되었는지 알 수 있게 설명해 줄 필요가 있습니다. 그래야 자신의 행동을 반성하고 앞으로 같은 실수를 반복하지 않게 됩니다.

우리는 주로 아이의 잘못된 행동을 바로잡아 주기 위해서 잘못된 행동에 초점을 맞추어 훈육합니다. 그러나 아이를 비난하기보다는 아이의 장점은 무엇이 있는지 찾고 다른 관점으로 아이를 바라보는 것이 중요합니다. 내 눈엔 아직 부족해 보여도 아이에게는 배우면서 성찰할 수 있는 힘이 있습니다. 옷에 음식을 자주 흘려서 엄마에게 꾸중을 듣는 아이에게도 친구들을 잘 배려해 주는 것과 같은 장점이 있습니다. 아이의 장점을 살펴보고 칭찬해 준다면 아이와 엄마는 서로의 감정을 나누며 정서적으로 더욱 친밀해질 수 있습니다.

비난하는 말보다는 아이의 성장에 도움이 되는 말, 존중하고 배려하는 말을 자주 사용해 봅시다. 아이에게 긍정적인 관심과 기대를 보이면 아이는 부모님의 기대처럼 행동하게 됩니다. 이것이 '피그말리온 효과'입니다. 아이에게 긍정적인 기대를 하고 존중하는 말을 사용한다면 아이는 그 기대를 저버리지 않을 것입니다.

셋째, 비교하는 말

숙희와 현진이는 자매입니다. 숙희는 집에서 아빠의 귀여움을 독차지합니다. 숙희가 거실에서 TV를 볼 때면 아빠는 "현진아, 리모컨을 언니에게 주렴."이라고 말합니다. 현진이는 아빠가 언니만 이뻐하기에 언니가 너무 얄밉고 없어졌으면 좋겠다고 생각합니다. 현진이가 아빠에게 "저는 커서 스튜어디스가 되고 싶어요. 스튜어디스는 너무 멋져 보여요."라고 말합니다. 아빠는 "현진아, 스튜어디스는 숙희처럼 얼굴이 예쁘고 키가 커야 할 수 있는 직업이야. 너는 외모가 언니만큼 멋지지 못하니 다른 직업을 찾아보렴."이라고 대답합니다. 현진이는 언니와 줄곧 비교하는 아빠가 너무 밉고 싫습니다. 이제는 가족 누구와도 말하기 싫습니다.

현진이는 언니와 자주 비교당해 언니에게 열등감을 느낍니다. 줄곧 언니와 비교하는 아빠에게 점점 화가 납니다. 현진이는 언니를 이겨야 할 경쟁자로 보기 때문에 언니와 서로 사이가 멀어집니다. 남과 비교하게 되면 나의 장점은 가려져 보이지 않고 단점은 더 커 보입니다. 현진이가 지금처럼 언니와 계속 비교하는 삶을 살아 나간다면 사는 일이 너무 힘겹고 세상은 어둡게만 보일 것입니다.

우리는 비교하는 말을 하는 사람과는 친밀한 관계를 유지하기 어렵습니다. 아이들과 좋은 관계를 맺기 위해서는 다른 사람과 비교하며 아이의 단점을 들추지 말아야 합니다. 비교하는 말은 마음에 상처를 주고 자존감에 손상을 입힙니다.

사람은 누구나 귀하고 소중한 존재입니다. 누구에게나 장단점이 있고 각자 나름의 향기가 있습니다. 그 향기는 세상 누구와도 비교할 수 없습니다. 부모님에게는 우리 아이가 가장 특별한 존재입니다. 아이가 세상에서 아름다운 꽃을 피우기 위해서는 따뜻한 말과 같은 양분이 필요합니다. 아이의 내면이 단단하게 성장하도록 아이를 존중해 주는 건강한 말을 해 줍시다.

넷째, 강요하고 통제하는 말

미연이는 이모 집에서 학교에 다닙니다. 엄마가 살고 계신 집은 섬이라 학교에 다니기 어렵기 때문입니다. 엄마는 아이가 잘 지내는지 궁금하기도 하고 걱정되기도 합니다. 그래서 미연이에게 학교를 마치고 매일 전화하라고 말합니다.

아이는 학교를 마친 뒤 친구들과 놀고 과제하느라 엄마에게 전화하는 것을 종종 깜박 잊습니다. 2~3일이 지나도 전화가 없으면 엄마는 마음이 불안해져 아이에게 전화해서 호통을 칩니다. "엄마가 매일 전화하라고 했잖니? 왜 매일 전화를 하지 않는 거니? 앞으로는 꼭 매일 전화해!" 미연이는 엄마의 화내는 목소리에 심장이 두근거리며 마음이 불안해집니다. 엄마가 호통친 이후로 엄마에게 꼬박꼬박 전화합니다. 하지만 미연이가 느끼는 불안하고 불편한 감정을 엄마에게 표현하지는 못합니다.

엄마가 전화하라고 호통친 이후 미연이는 자주 마음이 불안해지고 짜증이 납니다. "일찍 다녀라.", "깨끗이 하고 다녀라.", "조용히 해라."와 같은 지시적인 표현이 이제는 익숙합니다. 어렸을 적부터 엄마에게 줄곧 통제하는 말들을 들어왔기 때문입니다. 그렇지만 아직도 그런 말을 들을 때면 가슴이 답답하고 마음 한쪽에는 화가 일어납니다.

'엄마는 나의 마음을 이해해 주지 못할 거야.'라고 생각하며 엄마의 말에는 "네. 알겠어요."로만 짧게 답합니다. 엄마의 강요하는 말 때문에 항상 어깨가 무겁고 사는 것이 힘듭니다.

누가 나에게 어떤 것을 이유 없이 강요한다면 강요한 사람에게 화가 납니다. 이에 반항하기도 하고 위축되어 조용히 강요를 따르기도 합니다. 강요는 나의 입장과 기준에서 상대방에게 요구하는 것입니다. 상대방의 입장이나 처지, 생각은 고려하지 않습니다. 강요하는 말을 들으면 누구나 불쾌감을 가집니다. 어른들은 습관적으로 강요하는 표현을 자주 씁니다. 어린 시절부터 매번 사용했던 언어 습관은 쉽게 바뀌지 않습니다.

부모님은 자신이 이루지 못한 욕망을 무의식적으로 아이를 통해 해결하고 싶은 마음을 가지고 있습니다. 그래서 아이에게 많은 것을 요구하기도 합니다. 그러나 나와는 다른 한 사람으로서 아이를 이해하고 존중해 주어야 합니다. 아이는 엄마, 또는 아빠인 나와는 다른 인격체이기 때문입니다. 부모는 아이가 스스로 자기 생각을 가지고 세상을 살아갈 수 있게 안내해 주면 되는 것입니다.

★ ★ ★

긍정적인 생각은 긍정적인 말을 이끌어 내고
긍정적으로 행동하게끔 합니다.
긍정성이 강화되면 문제해결력이 높아집니다.
그래서 인생이 술술 풀립니다.

엄마의 책임감 내려놓기

교류분석 상담은 에릭 번에 의해 만들어진 이론 체계이자 상담 방법입니다. 교류분석에서는 자아 상태를 '어버이 자아(P)', '어른 자아(A)', '어린이 자아(C)'로 나눕니다. 사람은 3개의 자아를 모두 가지고 있지만, 사람에 따라 자아의 상태는 매 순간 다릅니다. 어버이 자아(P)는 상대방을 가르치고 비판하는 '통제적 어버이 자아(CP)'와 양육하고 지지하고 칭찬하는 '양육적 아버지 자아(NP)'를 포함합니다.

어버이 자아 상태일 때는 자신이나 다른 사람에게 강요하거나 통제하는 말을 주로 사용합니다. 어른 자아 상태일 때는 어떤 일에 대해 합리적이고 객관적으로 생각하고 느낍니다. 어린이 자아 상태일 때는 어린아이처럼 행동하고 생각하며 감정을 표현하게 됩니다. 어린이 자아는 자신의 감정을 억제하고 부모님의 말에 순종하는 '순응하는 어린이 자아(AC)'와 자신의 감정, 사고, 행동을 자유분방하게 표현하는 '자유로운 어린이 자아(FC)'로 나뉩니다.

앞에서 이야기했던 미연이와 엄마를 생각해 보겠습니다. 하루에도 몇 번씩 전화해서 항상 아이의 상태를 확인해야 안심하는 엄마는 어버이 자아가 어른 자아, 어린이 자아보다 커진 상태입니다. 권위적, 통제적, 비판적인 성향을 보입니다. 엄마는 아이가 약속을 지키지 않고 노는 것이 마냥 유치하다고 생각합니다. 그래서 "전화를 해야 해.", "조용히 해야 해."처럼 '~해야 한다.'라는 표현을 자주 사용합니다. 어버이 자아가 커지면 자신의 감정을 표현하기가 어렵고 차갑고 냉담한 태도를 보이게 됩니다. 어버이 자아가 커져서 어린이 자아가 없어진다면 다른 사람의 감정을 이해하기 어렵습니다. 감정을 꾸밈없이 느끼는 것은 어린이 자아가 내 안에 있을 때 가능합니다.

엄마의 어버이 자아가 커지면 아이는 엄마의 자아 상태에 맞추어 어린이 자아가 커집니다. 통제적이고 강압적인 방식으로 아이를 양육하면 아이가 더 아이처럼 굴게 되는 이유입니다. 즉, 부모님이 통제적 어버이 자아 상태일 때 아이는 부모님이 기대했던 자아 상태인 자유로운 어린이 자아 상태에서 반응하게 됩니다. 2개의 자아가 대화할 때 기대한 대로 답변이 오는 경우를 '상보적 의사교류'라고 합니다. 아이는 부모님의 자아 상태에 반응하여 더 의존적이고 감정적으로 반응하게 됩니다. 그러다 보면 나중에는 규칙이나 생활 습관까지 일일이 챙겨 줘야 할지도 모릅니다.

아이들을 제대로 양육하겠다는 마음으로 했던 과도한 요구를 내려놓으면 모두의 마음이 한결 가벼워집니다. 아이는 엄마가 과한 요구를 멈췄다고 생각하여 기쁜 마음을 가지며, 엄마와 아이는 사이가 더 좋아질 것입니다. 아이에게 강요하고 통제하는 말을 하기보다는 아이를 인정하고 존중해 주는 대화를 해 봅시다. 그러면 아이와 엄마의 관계가 좋아지게 되고 아이도 엄마의 말에 귀 기울일 것입니다. 그 뒤에 아이가 배워 나가야 하는 것들을 부모님이 하나둘씩 안내해 주면 아이는 부모님의 말에 집중하게 됩니다.

부담감과 책임감을 잠깐 내려놓아 보면 어떨까요? 혼자서 아이의 양육에 대한 부담과 책임을 느끼고 엄마의 의견대로 아이를 지도해 나간다면 엄마는 스트레스 속에서 하루하루 지치게 됩니다. 스트레스가 반복되는 상황 속에서 아이를 제대로 돌보고 양육하기는 어렵습니다. 아이들의 감정을 읽고 이해해 주기 위해서는 3가지 자아가 균형을 맞추어야 가능합니다. 통제와 강요 대신 아이에게 바람직한 행동을 해야 하는 이유를 설명하고 아이가 자신의 행동을 스스로 조절할 수 있도록 도와주는 것이 필요합니다.

★ ★ ★

아이에게 강요하고 통제하는 말을 하기보다는
아이를 인정하고 존중해 주는 대화를 해 봅시다.
그러면 아이와 엄마의 관계가 좋아지게 되고
아이도 엄마의 말에 귀 기울일 것입니다.

부정적인 감정을 다루는 법

우울, 불안, 분노, 짜증 등의 부정적인 감정이 밀려올 때면 마음이 편안할 때보다 자기 조절이 어렵습니다. 평소에는 별일 아니던 일도 부정적인 감정에 사로잡혀 있을 때는 예민하게 반응하게 되고 잘못된 의사결정을 하기 쉽습니다. 그럴 땐 먼저 부정적인 감정에서 벗어나도록 노력해야 합니다. 그리고 부정적인 감정을 해소할 만한 나만의 방법을 찾는 것이 도움이 됩니다.

예를 들어, 나를 힘들게 했던 친구를 생각하며 방에서 베개를 치면서 부정적인 감정을 해소할 수 있습니다. 루마니아에서는 매년 4월 첫째 주에 스트레스를 풀자는 취지로 집단 베개 싸움을 하면서 스트레스를 날려 보낸다고 합니다.

또는 종이에 나를 힘들게 했던 감정과 생각을 마음껏 적고 종이를 찢어서 버리는 활동으로 스트레스를 풀 수 있습니다. 종이에 구구절절 나의 감정과 생각을 적어 내려가면 마음속에 있던 묵은 때가 깨끗이 씻겨 사라지는 느낌을 받습니다. 그리고 종이를 마구 구겨서 벽에 던지는 방법도 있습니다. 이러한 방법으로 평소에 억압했던 감정을 풀어낼 수 있습니다.

힘들고 피곤하여 부정적인 감정이 느껴진다면 잠시 쉬어가는 것도 좋습니다. 에너지가 부족하거나 스트레스로 지친 상태일 때는 휴식이 필요합니다. 잠시 쉬면서 산책을 하거나 맛있는 음식을 먹는 것, 친구와 수다 떠는 것 등이 도움이 됩니다. 쉬면서 내가 좋아하는 활동을 하면 에너지가 충전되어서 기분이 다시 좋아집니다.

아이가 학교에 대해 매일 불평불만만 늘어놓는다면 긍정적인 감정을 가질 수 있도록 친구, 선생님, 학교의 장점을 찾게 하는 것도 도움이 됩니다. 학교의 장점을 5가지 찾아 말해 보는 활동을 해 봅니다. 장점 찾기 활동을 통해 아이들은 학교에 대해 긍정적인 감정을 가질 수 있습니다.

불평불만이 많은 아이에게 학교의 장점을 찾아보게 함으로써 아이는 자신이 생각해 보지 않았던 학교생활의 긍정적인 면을 발견하게 될 것입니다. 미처 몰랐던 학교의 좋은 점, 긍정적인 부분을 찾게 되면 학교에 애정이 생기고 학교생활에 적응하기 쉬워집니다.

'감정일기'를 쓰면서 나의 마음에 집중하여 감정, 느낌, 기분을 글로 표현해 보면 좋습니다. 내가 느낀 감정을 명확하게 인식하고 이해해야 감정을 다스리기 쉽습니다. 오늘 있었던 일을 떠올려 보고 그때 느꼈던 감정을 상세하게 적어 봅니다. 감정일기를 쓸 때는 감정을 의문형으로 표현하지 않도록 주의합니다. '왜 그때 서운했을까?'와 같이 의문형으로 표현하면 그 감정의 소용돌이에 다시 빠져들기 때문입니다. '서운하다.' 또는 '서운하구나!'와 같이 평서문, 감탄문의 형태로 감정을 적어 봅니다.

이렇게 감정일기를 매일 쓰다 보면 내가 주로 어떤 감정을 느끼는지 알 수 있습니다. 더불어 특히 어떤 상황에서 감정적으로 힘들어하는지도 알 수 있습니다. 매일 자신이 느끼는 감정을 살펴보면 내 생각과 행동의 패턴도 알 수 있습니다. 감정일기를 쓰면 자신의 감정을 다스리게 되어 스트레스도 예방할 수 있습니다. 또한, 매일 자신을 성찰하는 계기가 됩니다.

★ ★ ★

우울, 불안, 분노, 짜증 등의 부정적인 감정이 밀려올 때면
자기 조절이 더 어렵습니다.
종이에 적어 찢기, 긍정적인 대화, 휴식, 감정일기 등
부정적인 감정을 해소할 나만의 방법을 찾아 두면 좋습니다.

긍정적인 감정을 느끼는 법

부모님이 아이에게 관심을 주고 함께하면 아이는 사랑, 행복과 같은 감정을 느낍니다. 긍정적인 정서를 느낄 때 아이의 감정은 쉽게 조절됩니다. 아이가 시험에서 100점을 받아서 자랑스러울 때만 사랑을 표현하는 것이 아니라 아이는 그 자체로 소중하므로 조건 없이 사랑을 주어야 합니다.

아이와 즐겁고 행복한 시간을 보내는 방법이 많이 있습니다. 함께 책을 읽거나 아이가 좋아하는 영화를 보는 것도 좋습니다. 상담실에서는 독서 치료를 활용하여 자신에 대해 이해하고 통찰할 수 있게 합니다. 그리고 문제를 해결할 방법을 찾아보고 느낀 점을 말해 봅니다. 책을 읽으면서 아이에게 "어떤 장면이 가장 기억에 남니?", "장면에서 어떤 점을 느꼈어?"라고 질문합니다. 아이는 책 속의 문제 상황을 접하면서 자신의 문제를 이해하고 '다른 사람도 나와 비슷한 고민을 하는구나.'라고 생각하며 동질감을 느끼게 됩니다.

가정에서 아이와 함께 책을 읽으면서 "주인공이 왜 이렇게 행동했을까?", "그 이유가 무엇이었을까?", "내가 주인공이라면 어떻게 행동했을까?", "주인공이 처음에 ○○하게 행동했다면 이야기가 어떻게 달라졌을까?"와 같이 아이에게 질문해 봅니다. 마지막으로 "책 속의 인물과 비슷한 경험을 한 적이 있니?", "등장인물이 문제를 해결한 것에 대해 어떤 생각과 느낌이 들어?"라고 물으며 아이의 경험, 생각, 느낌을 책과 연관 지어 말해 보게 합니다.

아이와 함께 책을 읽으면 더 친밀해질 수 있습니다. 아이가 책을 읽고 느낀 감정을 자유롭게 표현할 수 있도록 옆에서 도와줍시다. 아이는 부모님과 책을 읽고 대화하면서 기쁨과 행복감을 만끽하게 됩니다.

요리를 하면서 행복한 시간을 보낼 수도 있습니다. 아이는 부모님과 함께 요리하면서 돕는 기쁨을 맛봅니다. 자신도 부모님을 도울 수 있다는 자신감을 느끼게 되고 자존감도 더 높아집니다. 주말에 아이와 함께 요리하는 시간을 가져 봅시다. 초콜릿 쿠키나 케이크, 볶음밥을 만들며 즐거움을 나눌 수 있습니다. 상담실에서는 푸드테라피로 몸과 마음을 치유하는 활동을 하기도 합니다. 푸드테라피는 말 그대로 음식(food)과 치료(therapy)를 합한 단어입니다.

내가 만든 음식을 통해서 내 마음을 들여다봅니다. 요리하면서 뿌듯함을 느끼고 내가 요리를 완성했다는 자신감으로 행복감을 느낍니다. 함께 음식을 만드는 과정에서 평소 대화가 없었던 사이라도 대화의 물꼬가 트입니다. 요리하면서 부모님과 자녀의 대화를 늘려 관계를 개선할 수 있습니다. 만든 음식을 함께 천천히 음미하면서 맛보고 어떤 기분이 드는지 느껴 봅시다. 음식을 만드는 과정에서 즐거웠던 점, 힘들었던 점도 나누어 봅니다. 이때 부모님은 아이의 말에 관심을 기울이고 공감해 줍니다. 또한, 아이가 자신의 감정을 온전히 느끼고 표현할 수 있도록 격려해 줍니다.

일주일에 2~3번 가족이 모여 저녁 식사를 하면 행복한 감정을 느낄 수 있습니다. 함께 대화를 나누면서 식사할 때 아이는 사랑을 느낍니다. 이야기를 나누고 식사하다 보면 아이의 공감 능력과 사회적 기술이 발달하며, 아이의 인성 교육에도 도움이 됩니다.

함께 식사하면서 일상 속에서 있었던 크고 작은 일들을 이야기합니다. 부모님은 아이와 대화하면서 아이의 감정을 알아주고 아이의 말에 공감해 줍니다. 아이는 부모님과 대화를 하면서 자신의 이야기를 조리 있게 말하는 법을 터득해 나갑니다. 아이는 자신의 이야기를 하면서 부모님을 이해시키기 위해 노력하게 되므로 표현력과 대화의 기술이 향상됩니다.

부모님의 공감, 지지, 격려를 받고 자란 아이는 정서적으로 안정됩니다. 정서적으로 안정된 아이는 자신의 감정을 잘 조절하여 문제를 쉽게 해결하고 주의 집중력이 높습니다. 또한, 판단력이 뛰어나고 역경을 잘 헤쳐 나갑니다.

★ ★ ★

아이가 긍정적인 정서를 느낄 때 아이의 감정은 쉽게 조절됩니다.
시험에서 100점을 받을 때만 사랑을 표현하는 것이 아니라
아이는 그 자체로 소중하므로 조건 없이 사랑을 주어야 합니다.

아이에게 감사하라

기분이는 상담실에 찾아와 엄마가 감사 편지를 써 주었다고 선생님에게 자랑합니다. 감사 편지에는 "기분아, 생일 축하해! 네가 태어나 줘서 정말 고맙고 엄마는 네가 항상 자랑스럽고 대견하구나. 그리고 어제 동생 과제를 도와주는 것을 보고 너의 그 따뜻한 마음에 엄마는 감동했단다."라고 적혀 있었습니다. 엄마에게 편지를 받은 기분이는 기쁘고 행복한 감정을 느낍니다.

기분이의 엄마는 아이의 긍정적인 부분에 집중하여 고마운 마음을 글로 표현했습니다. 감사 편지는 편지를 쓴 사람과 받는 사람 모두에게 즐겁고 행복한 감정을 선사합니다. 다른 사람에게 도움을 받았을 때 "도와줘서 고마워, 덕분에 일을 잘 마칠 수 있었어."라고 감사하는 마음을 전하면 상대방은 기분이 좋아지고 서로의 관계가 더 좋아집니다.

감사는 메모, 편지, 일기 등 다양한 방법으로 표현할 수 있습니다. 미국의 로버트 에몬스 교수는 감사일기를 쓰는 사람이 감사일기를 쓰지 않는 사람보다 사랑, 행복, 기쁨과 같은 긍정적인 감정을 더 자주 느낀다고 말합니다. 감사일기를 쓰면 행복감을 자주 느끼고 스트레스 해소 능력이 높아져 건강에 도움을 줍니다. 감사를 표현하면 서로가 즐거워집니다. 긍정성을 강화해 주고 행복한 기분을 갖게 합니다.

아이가 감사하는 마음을 표현할 수 있도록 격려해 봅시다. 친구, 선생님, 부모님 등 누구에게라도 감사한 점을 찾아 구체적으로 표현해 보고 상대방에게 그 마음을 전달해 봅니다. 아이와 매일 저녁에 하루에 있었던 감사한 일 3가지를 말해 봅시다. 감사일기를 쓰는 아이들은 긍정적인 마음가짐으로 생활하며 자신의 마음과 행동을 조절하게 됩니다.

부부가 서로에게 감사하는 표현을 자주 하면 아이도 감사를 표현하는 일에 익숙해집니다. 감사는 상대방에게 주의를 기울이고 상대를 인정할 때 나타나는 감정입니다. 우리는 상대방이 나를 이해해 주고 인정해 줄 때 기분이 좋아집니다. 서로가 감사하는 마음을 표현하면 함께 행복해집니다.

아이를 칭찬해 주고 아이가 사랑받고 있다는 사실을 알 수 있도록 마음을 말로 표현해 봅시다. 사랑받는 아이는 행복합니다. 아이는 받은 사랑보다 더 많은 사랑을 다른 사람에게 나누어 줄 것입니다.

남궁령 박사는 〈유아 또래 상호작용에 영향을 미치는 어머니 정서 표현성〉이라는 논문에서 엄마가 아이에게 긍정적인 정서를 표현하면 유아의 감정 조절력이 높아지고 또래 관계에 좋은 영향을 미친다고 밝혔습니다. 감정 조절력을 키우는 최적의 시기는 영유아기 때이지만 초등학교 이후에도 노력을 통해 아이의 감정 조절력을 높일 수 있습니다.

양육자가 아이에게 행복, 사랑, 감사와 같은 긍정적인 감정을 자주 표현하면 아이는 자신의 감정을 유연하게 조절할 수 있습니다. 이뿐만 아니라 부모님의 긍정적인 정서 표현은 아이의 자존감을 높여 주고 스트레스에 강한 아이로 만들어 줍니다. 부모님이 화나 짜증을 자주 내어 부정적인 정서를 종종 경험한 아이는 일상 생활에서 불만, 걱정, 짜증과 같은 부정적인 정서를 곧잘 표현합니다. 주위 사람들로부터 공감, 사랑, 배려와 같은 긍정적인 정서를 자주 경험한 아이들은 부정적인 정서보다 긍정적인 정서를 더 자주 표현하게 됩니다. 사랑을 받은 아이는 다른 사람에게도 사랑을 나눠 줄 수 있고, 공감을 받으며 자란 아이는 타인을 공감할 수 있습니다. 이렇듯 아이는 부모님의 감정 표현을 자연스럽게 배우며 학습합니다.

삶을 긍정적인 관점에서 바라보고 긍정적인 감정을 표현하면 회복탄력성이 높아집니다. 회복탄력성은 위기와 역경 속에서 적절하게 대처하여 평정심을 되찾는 힘을 말합니다. 즉, 역경을 기회 삼아 이겨 내는 긍정적인 힘입니다. 김주환 교수는 저서《회복탄력성》에서 회복탄력성은 긍정성, 자기 조절력, 대인관계력으로 구성된다고 보았습니다. 일상을 긍정적으로 생각하고 감사하는 마음으로 산다면 자기 조절력을 높일 수 있고 긍정적인 마음가짐은 소통과 공감 능력을 높여 대인관계력을 높입니다. 삶을 긍정적으로 바라보면 자기 조절력과 대인관계력에도 긍정적인 영향을 미치고 역경을 이겨 내는 힘도 커지게 됩니다.

고난이 닥쳤을 때, 삶의 고통을 맛보고 죽고 싶다는 생각이 들 때가 있습니다. 이럴 때 어떤 사람은 역경을 이겨 내고 어려움을 극복하는 반면, 어떤 사람은 삶을 포기하고 바닥까지 추락하기도 합니다. 역경을 이겨 내는 사람은 회복탄력성이 높은 사람입니다. 회복탄력성이 높으면 고난을 이겨 내고 긍정적으로 세상을 바라봅니다. 회복탄력성이 높으면 자신의 감정과 행동을 조절하여 중독의 위험을 낮추고 자기 파괴적인 행동을 덜 하게 됩니다.

회복탄력성과 관련하여 다음 사례를 살펴보겠습니다.

휘경이가 친구와의 싸움에 휘말려 억울하게 누명을 쓰고 학교를 관두게 되었습니다. 휘경이는 그 충격으로 외상 후 스트레스 장애를 앓게 되었습니다. 그 후 휘경이는 사람들을 피하게 되었고 마음속에 우울, 분노 등의 부정적인 감정에 사로잡혀 정상적인 생활을 하지 못했습니다. 학교 친구들은 휘경이를 '난폭하고 못된 아이'로 생각하고 손가락질하며 욕했습니다. 그렇지만 휘경이를 믿고 곁에 있어 준 단짝 친구인 성재가 있었기에 휘경이는 상처를 회복하고 정상적인 삶을 살아 나갈 수 있었습니다. 휘경이 아버지도 휘경이의 말을 끝까지 믿어 주고 아들에게 "괜찮아. 나는 너를 믿는다. 너는 내가 이 세상에서 가장 사랑하는 나의 아들이야."라고 위로하며 격려해 주었습니다. 상처가 아무는 데 다소 시간은 걸렸지만 휘경이는 검정고시를 통해 대학에 들어갔고 이제는 행복한 삶을 살고 있습니다.

아이에게 사랑한다는 표현을 자주 하시나요? 하루에 한 번씩 사랑과 고마움의 표현을 하면서 어깨를 토닥여 주세요. 아이가 가끔 실수해도 이해하고 용서해 주는 여유로운 마음도 필요합니다. 소중한 물건을 아이가 실수로 깨뜨렸을 때 아이를 다그치지 않고 "괜찮아."라며 건네는 따뜻한 말 한마디에 아이는 감동합니다. 우리는 우울, 불안 등의 부정적인 기분을 느낄 때보다 행복, 기쁨과 같은 긍정적인 기분을 느낄 때 자신의 감정, 행동을 더 잘 조절할 수 있습니다. 긍정적인 말을 들으면 언제나 마음이 편안해지고 기분이 좋아집니다. 긍정적인 감정을 자주 표현하면 세상은 더욱 밝아집니다.

* * *

긍정적인 정서를 경험한 아이는 긍정적인 정서를 표현합니다.
부모님의 사랑을 받은 아이는 타인에게 사랑을 나눠 줄 수 있고,
공감을 받으며 자란 아이는 타인을 공감할 수 있습니다.

감정은 말하는 것이다

아이가 어떤 감정을 느꼈을 때 감정을 말로 표현해 보도록 격려해 줍시다. 감정을 말로 표현하지 않으면 아이 자신도 '내가 느끼는 감정이 무엇이지?'라고 갸우뚱하며 자신의 감정을 정확하게 인식하지 못합니다. 아이의 표정이나 행동을 보면 짐작된다 하더라도 아이가 자신의 감정을 살펴보고 이야기할 수 있도록 아이의 감정을 물어보는 것이 좋습니다.

감정을 억누르고 말하지 않는 일이 많아지면 나의 감정과 기분을 알아차리기 어렵습니다. 주머니에 종이 구겨 넣듯이 감정을 억누르는 것도 한계가 있습니다. 감정을 쌓아 두고 표현하지 않으면 어느 한순간에 편한 대상에게 화나 짜증을 내며 감정이 폭발해 버립니다.

한 아이가 학교를 마치고 집에 돌아왔습니다. 엄마는 아이에게 맛있는 닭볶음탕을 해 놓았으니 밥을 먹자고 합니다. 아이가 시무룩한 표정으로 식탁에 앉더니 "닭볶음탕에 왜 이렇게 국물이 많아? 간이 하나도 안 맞잖아." 하면서 짜증을 냅니다. 그러더니 갑자기 "엄마는 정말 사람을 짜증 나게 만들어."라고 말하며 방에 들어가 버렸습니다.

아이가 식사 시간에 왜 그렇게 반응했을까요? 학교에서 받은 스트레스로 인해 엄마에게 짜증을 낸 것입니다. 사실 아이는 학교에서 친구에게 따돌림을 당하고 있었습니다. 아이는 선생님께 이 사실을 말하면 아이들이 더 따돌릴 수 있다고 생각하여 힘든 감정을 억누르며 지내 왔습니다. 엄마에게도 친구 이야기를 한 번 꺼낸 적이 있는데 "어릴 땐 그럴 수도 있는 거야. 신경 쓰지 마."라고 이야기하셔서 더 이상 말하지 못했습니다.

아이가 이렇게 쌓였던 감정을 한순간에 터트려 버리면 엄마도 당황스럽습니다. 감정이 터지기 전에 엄마가 아이의 감정을 알아

주거나 아이가 자신의 감정을 알아챈다면 꽝 하고 터져 나오는 큰 불씨를 미연에 예방할 수 있습니다.

내가 어떤 감정을 느끼는지 다른 사람에게 말해 봅시다. 그런데 상대방이 나의 감정을 이해해 주기 힘들 것 같다면 어떻게 해야 할까요? 혼잣말로 "내가 속상하구나.", "짜증 나는구나."라고 말해 봅니다. 감정을 억누르는 것보다 나에게든 상대방에게든 말로 표현하는 것이 감정을 푸는 데 도움이 됩니다. 내 마음을 말로 표현하면 맺혔던 감정이 서서히 풀립니다. 억눌린 감정이 눈 녹듯 녹아내려 거친 감정이 터져 나오는 일을 미리 막을 수 있습니다. 아이가 감정이 쌓이기 전에 작은 감정부터 말로 표현할 수 있게 하고, 아이가 표현하는 감정을 이해해 주는 넓은 마음이 필요합니다.

엄마: 수지야. 오늘 기분이 어떠니?

수지: 오늘 속상하고 짜증 나고 그래요. 우울하기도 하고요.

엄마: 그래? 오늘 무슨 일이 있었는지 궁금하네.

수지: 제가 복도를 지나가는데 영민이가 제 다리를 몰래 걸어서 넘어졌어요.

엄마: 이런, 영민이가 다리를 걸어서 넘어져 많이 아프겠구나, 속도 상하고….

수지: 네, 일부러 다리를 건 것 같아서 화나고 분했어요.

엄마: 실수가 아니라 일부러 다리를 건 것 같아서 화나고 분했단 말이지?

수지: 네.

이렇게 아이의 감정을 말로 헤아려 주면 아이는 이해받는다고 느낍니다. 그리고 감정을 말로 표현하면서 자신의 감정을 정확하게 깨닫고 겪은 일을 객관적으로 살펴볼 수 있습니다.

엄마가 아이에게 방을 청소하게 했습니다. 아이는 시무룩한 표정을 지으며 "알겠어요. 청소할게요."라고 대답합니다. 아이가 감정을 말로 표현하기 전에는 청소를 시킨다고 화가 난 것인지, 다른 일로 우울한 감정을 느끼는 것인지 알 수 없습니다. 그럴 때면 "지금 기분이 어떠니?"라고 아이의 기분, 느낌을 물어보는 것이 좋습니다. 아이가 자신의 느낌에 집중할 때 자신의 감정을 정확히 인식할 수 있습니다. 엄마도 아이가 감정을 말로 표현하면 아이의 감정을 이해하고 그에 맞게 행동할 수 있습니다.

연주는 소라가 책을 빌려 갔는데, 책을 가져다주지 않아 속상합니다. 소라가 일주일 정도 책을 보고 돌려주겠다고 해 놓고, 2주가 지나도 돌려주지 않습니다. 연주는 약속을 어기는 소라가 정말 밉습니다. 그렇지만 연주는 소라에게 자신의 감정을 솔직하게 표현하는 것이 어렵습니다. 연주가 자신의 감정을 억누르고 표현하지 않자 소라와의 갈등은 점점 더 커져만 갑니다.

우리는 일상생활 속에서 매일 다양한 감정을 느끼며 살아갑니다. 그중에서 속상하고 상처받은 감정은 다른 사람에게 표현하기 어렵습니다. 하지만 친구에게 속상한 감정을 느꼈을 때 그 친구에게 자신의 감정을 부드럽게 말로 표현하면 속이 후련합니다.

내가 느끼는 감정을 표현하면 그 친구가 나를 미워할까 봐 말을 하지 못하는 경우가 있습니다. 그렇지만, 나의 감정을 표현해도 친구는 대수롭지 않게 느끼는 경우가 더 많습니다. 나의 감정이 풀리고 친구도 나의 감정을 이해하게 되면 서로 더 친해질 수 있습니다. 나와 갈등이 있는 상대방에게 느끼는 감정을 표현하지 않으면 감정의 골은 더 깊어지고 회복되기 어렵습니다.

자기가 느끼는 감정을 말로 표현해야 비로소 상대방이 내 마음을 알 수 있습니다. 그래야 서로의 마음을 알고 이해할 수 있게 되고 관계는 더욱 좋아집니다.

★ ★ ★

주머니에 종이 구겨 넣듯이 감정을 억누르는 것도 한계가 있습니다. 감정을 쌓아 두고 표현하지 않으면 어느 한순간에 편한 대상에게 화나 짜증을 내며 감정이 폭발해 버립니다.

감정 표현이 서툰 아이를 위한 솔루션

아이들과 상담할 때면 감정에 관한 이야기를 많이 합니다. "오늘 기분은 어떠니?", "어제 동생이랑 놀 때 어떤 느낌이었어?"와 같이 물어보면 아이들은 "좋았어요.", "즐거웠어요."와 같이 짧게 대답합니다. 감정 표현이 어색한 탓입니다.

이렇게 감정 표현이 익숙하지 않을 때는 감정을 색이나 그림으로 표현하게 합니다. 감정을 표현하는 활동을 하다 보면 자신의 감정에 집중하게 되고 내가 어떤 감정을 느끼는지 유심히 관찰하게 됩니다. 색종이나 컬러칩을 펼쳐 놓고 "오늘 아침 소희의 감정은 어떤 색일까?"와 같이 묻습니다. 그러면 아이는 "저는 연두색이요. 아침에 등교하는데 푸르른 나무를 보고 마음이 설레었어요. 연두색은 새롭게 자라나는 느낌을 말해 주는 것 같아 좋아요. 연두색은 따뜻하고 포근한 느낌이어서 보고만 있어도 기분이 좋아져요."와 같이 자신의 감정을 색으로 표현합니다. 아이는 그 색을 고른 이유와 색의 느낌을 표현하며 자신의 감정에 집중할 수 있습니다.

아이가 감정을 말로 표현하는 것에 익숙하지 않다면 그림으로 표현해 보도록 하는 것도 좋습니다. 감정을 말로 표현하기 어려워하는 아이들도 그림으로 표현하게 하면 솔직하게 자신의 감정을 드러냅니다. 그림을 그린 후 그림을 설명하고 그림 속의 감정을 말로 표현하게 하면 조금 더 감정에 쉽게 접근할 수 있습니다.

다음 그림을 한번 볼까요? 왼쪽 그림은 즐겁고 행복한 마음을 표현한 것입니다. 새로운 친구들과 만나서 설레고 신나는 감정을 표현했습니다. 오른쪽 그림은 마음속에 있는 분노의 감정을 표현한 것입니다. 아이는 학교에 가기 싫고 공부하기도 싫고 선생님도 원망스럽다고 합니다. 모든 게 짜증 나고 화가 나서 화산이 폭발하는 모습을 그렸습니다.

이렇게 색이나 그림으로 감정을 표현하고 나면 마음이 한결 가볍고 편안해집니다. 평상시에 감정을 쉽게 표현하지 못하는 아이라면 색이나 그림으로 감정을 표현하면서 느낌을 말하는 연습을 해 보면 어떨까요?

감정 카드로 감정을 표현하는 방법도 알아 두면 좋습니다. 감정 카드는 '즐겁다', '외롭다', '행복하다', '허전하다' 등과 같은 감정 표현이 하나씩 적혀 있는 여러 장의 카드로 구성되어 있습니다. 아이에게 요즘 느끼는 감정을 카드에서 5장 정도 고르게 합니다. 그리고 어떤 상황에서 그러한 감정을 느끼는지 구체적으로 이야기해 보게 합니다. 여러 감정을 자유롭게 말해도 좋다고 격려해 주면 아이는 좀 더 편하게 자신의 감정을 표현할 수 있습니다.

또 다른 방법으로 그림 카드 또는 그림 상황 카드가 있습니다. 그림 카드는 일상생활을 하는 여러 장면을 그림으로 표현한 카드입니다. 그림 카드 5장을 아이 앞에 두고 가장 마음이 불편하게 느껴지는 카드를 고르도록 합니다. 아이에게 그 카드를 고른 이유가 무엇인지 물어봅니다. 아이는 그 그림과 연관된 자신의 이야기를 하며 자신의 감정에 집중하게 됩니다. 말로 표현함으로써 자신의 감정을 명확하게 알아차릴 수 있습니다. 또한, 자기 생각과 행동을 성찰해 볼 수 있습니다.

시중에 감정 카드, 그림 카드 등 감정을 표현하는 카드가 많이 있습니다. 표정으로 감정을 읽어 보는 표정카드도 판매하고 있습니다. 서점이나 여러 인터넷 쇼핑몰에서 판매하고 있으니 아이들과 감정 카드를 보며 감정을 말로 표현하는 연습을 해 보세요. 감정 표현을 늘리는 데 도움이 됩니다.

* * *

감정 표현이 서툰 아이는 '좋았다, 즐거웠다'만 반복합니다.
감정 표현이 익숙하지 않고, 어색한 탓입니다.
감정을 그림이나 색으로 표현하게 해 보세요.
감정 카드, 그림 카드를 이용해 감정 표현력을 늘려 주세요.

4장

“잘 들어야 아이의 감정을 읽을 수 있다”

아이의 마음을 여는 경청의 기술

부모와 아이,
대화가 엇나가는 이유

아이의 행동 때문에 화가 날 때가 종종 있습니다. 화가 날 때 부모는 어떻게 아이를 대해야 할까요? 우선 자신의 마음을 알아차리도록 심호흡하며 현재에 집중해 봅니다. 그리고 자신의 감정이 어떤지 천천히 느껴 봅니다.

화가 날 때 감정을 아이에게 말하는 것은 잘못된 일이 아닙니다. 다만 말하는 방식이 중요합니다. 화나는 감정을 표현할 때는 상대방에게 거부감을 주지 않도록 부드럽고 차분하게 표현해야 합니다. 판단, 비난, 비교, 강요, 통제하는 식의 표현은 듣는 사람에게 불쾌감을 주므로 자제하는 것이 좋습니다.

그런데 이렇게 자신의 불편한 감정부터 쏟아내는 이유는 상대의 감정을 살피지 않기 때문입니다. 상대의 사정을 살피려면 먼저 들어야 하는데, 듣는 습관이 없는 것이지요. 먼저 잘 듣지 않으면 대화가 엇나갑니다.

엄마는 아이가 학교에 가지 않아 화가 났습니다. "학교 간다고 해 놓고 거짓말하면 누가 모르니? 누구를 닮아서 저렇게 성실하지 못한지…."라고 아이에게 말합니다. 아이가 등교하지 않은 것은 분명 아이의 잘못입니다. 하지만 엄마가 표현한 것처럼 아이 존재 자체에 대해 비난하면 아이는 '나는 나쁜 사람이야.', '나는 쓸모없는 사람이야.'라고 자신에 대해 부정적으로 생각하게 됩니다. 자신에 대한 부정적인 생각은 아이의 자존감에 상처를 입힙니다.

엄마가 아이에게 비난하는 말을 하면 문제가 풀리기는커녕 부모-자녀 관계가 소원해지고 문제는 더욱 커지게 됩니다. "엄마에게 학교에 간다고 말했었는데, 가지 않았구나. 네가 엄마를 속인 것 같아서 엄마가 기분이 좋지 않아. 학교에 가지 않은 일에 대해 구체적으로 말해 줄 수 있겠니?"라고 물으면 아이는 "일부러 거짓말한 것은 아니에요. 사정이 있었어요. 왜냐면…."과 같이 자신의 행동에 대해 설명하게 됩니다. 아이의 행동으로 인해 엄마가 느낀 감정을 표현해 주세요. 그리고 아이의 말을 주의 깊게 들어 주세요. 그러면 비로소 아이는 아이대로, 엄마는 엄마대로 서로의 마음을 이해하게 됩니다.

민진이가 동아리 활동을 마치고 저녁 늦게까지 들어오지 않았습니다. 아빠는 걱정되는 마음에 좀처럼 잠자리에 들지 못합니다. 민진이가 밤늦게 집에 들어왔을 때 아빠는 "너 지금 몇 시니? 밖에서 뭐 하다 이제 들어오는 거야?"라며 화를 냅니다. 민진이는 아빠의 말과 행동에 놀라 움츠러들고 무서워서 벌벌 떨었습니다.

이 사례에서 보는 것처럼, 힘든 상황에 부딪혔을 때 민진이는 자신의 감정을 아빠에게 말로 표현하는 것이 좋습니다. "아빠가 너무 화를 내셔서 무서워요."라고 말입니다. 이렇게 민진이가 자신의 감정을 표현하면 아빠는 '민진이가 무서워하는구나.'라고 느끼며 민진이의 감정에 세심하게 관심을 기울여야 합니다. 그러면 자신의 격해진 감정을 알아차리고 감정을 조절할 수 있고, 비로소 부모와 아이의 대화가 자연스럽게 이어질 수 있습니다.

아빠가 처음부터 자신의 감정을 다스리고 감정을 솔직하게 표현했으면 어땠을까요? “네가 늦어도 저녁 9시까지는 집에 들어오기로 아빠와 약속했는데, 약속을 지키지 않아서 너무 속상하구나. 엄마도 많이 걱정했단다. 약속을 지키지 못할 사정이 있었던 거니?”와 같이 아이에게 말해 준다면, 아이도 부모님의 마음에 주의 깊게 귀를 기울일 것입니다.

★ ★ ★

나의 감정을 표현하고 상대의 감정을 경청하세요.
그러면 서로를 더 배려하고 존중할 수 있습니다.
서로의 감정이 이해되고 받아들여지면
의사소통이 잘 되고 대화가 즐거워집니다.

우리는 얼마나 건성으로 듣는가

가족끼리 서로의 이야기에 얼마나 귀 기울이고 계시는지요? 요즘 맞벌이 부부가 많다 보니 부모님 모두 늦은 시간에 귀가합니다. 아이는 학원에 다니며 저녁 늦게 집에 돌아옵니다. 대화할 시간이 부족하기도 하고 각자의 일에 녹다운되어 서로의 이야기를 들어 주는 것이 쉽지 않습니다. 부모 상담을 하다 보면 바쁜 일상 속에서 아이 이야기에 귀를 기울이기 쉽지 않다는 말씀을 많이 하십니다.

아이가 집에 와서 엄마에게 학교에서 있었던 일을 시시콜콜 이야기합니다. 점심 시간에 햄 반찬이 맛있었다는 이야기, 선생님께 칭찬을 받아 행복한 이야기, 친구와 아이스크림을 먹고 말다툼한 이야기를 풀어놓습니다. 엄마는 회사에서 상사와 있었던 일로 신경이 날카롭고 피곤합니다. 그래서 아이의 말에 건성으로 답하며 "응, 그래 알았어. 이제 들어가서 자라."라며 아이의 말을 끊습니다.

우리는 보통 기분이 좋은지, 슬픈지, 우울한지 등에 따라 다른 사람의 말을 듣는 태도가 확연히 달라집니다. 나의 기분과 감정에 따라 듣고 싶은 이야기만 듣게 될 때가 많습니다. 내가 슬프고 우울할 때는 누가 어떤 말을 해도 귀에 잘 들리지 않습니다.

내가 평소에 미워하는 사람이 나에게 이야기를 하면 무슨 의도인지 의심하기도 하고 건성으로 무표정하게 들어 넘기기 일쑤입니다. 싫어하는 친구가 발표할 때면 딴생각하며 집중하지 않을 때도 있습니다. 내가 좋아하는 친구가 이야기할 때면 보통 때보다 더 공감하며 귀 기울여 이야기를 듣습니다.

내가 관심 있어 하는 주제에 관련된 내용은 귀담아듣지만, 관심 없는 내용은 건성으로 들을 때가 많습니다. 예를 들어, 아빠가 낚시를 좋아해서 엄마를 볼 때마다 낚시와 관련된 이야기를 한다고 합시다. 엄마는 관심이 없는 낚시 이야기를 들을 때마다 '이제 그만 말해 줬으면….' 하고 귀를 닫아 버립니다.

잘 듣기 위해서는 다른 사람의 말을 민감하고 주의 깊게 들어야 합니다. 실제로 관심이 없으면서 잘 듣고 있는 듯이 행동하면 상대방도 바로 알 수 있습니다. 자기 말이 옳다는 것을 보여 주기 위해서 다른 사람의 말실수를 찾는 것도 올바른 듣기는 아닙니다. 친구가 말하는 동안 내가 할 말을 생각하고 준비하는 것, 내가 원하는 말만 듣고 그 외의 내용은 무시하는 것 또한 좋지 않은 듣기의 예입니다.

또한, 미리 별로라고 짐작해서 상대방의 말을 듣지 않기도 합니다. '저 수업은 재미없을 거야.'라며 짐작하고 판단한다면 수업을 제대로 듣기 어렵습니다. 다 들은 후에 평가해 봐도 늦지 않습니다.

피곤할 때도 상대방의 말이 잘 들리지 않습니다. 아빠가 "같이 운동 가자."라고 말을 합니다. 아이는 밤늦게까지 웹툰을 봐서 너무 피곤합니다. 이럴 때 아빠의 말은 제대로 들리지 않고, 아이는 짜증을 내게 됩니다. 너무 피곤할 때는 적당한 휴식이 필요합니다. 규칙적인 생활을 통해 건강을 유지하고 잠깐의 휴식으로 다시 에너지를 충전하는 것이 도움이 됩니다.

* * *

우리 가족은 서로의 이야기에 얼마나 귀 기울이고 있나요?
내 기분이 별로라고, 피곤하다고 아이의 말을 흘려듣지 않나요?
나의 좋지 않은 듣기 습관부터 돌아봅시다.

아이의 마음을 여는 경청의 자세

대부분의 사람들은 말하는 것은 좋아하지만 남의 말을 듣는 것은 어려워합니다. 부모님은 아이를 교육하는 입장에서 아이에게 많은 말을 합니다. 그에 반해 아이의 말을 귀담아듣지 않는 경향이 많습니다. 부모님과 아이가 원활하게 소통하기 위해서는 서로의 말을 귀담아들어 주는 기술이 필요합니다.

상담하다 보면 부모님께 자신의 속마음을 이야기하지 않는 아이가 많습니다. "부모님께 말하면 혼나요.", "말 안 하는 게 나아요.", "말하면 그런 사소한 것으로 예민하게 구냐며 핀잔을 들어요."라고 말합니다. 아이가 이야기할 때 하던 일을 잠시 멈추고 집중해 주세요. 아이의 말에 귀 기울여 듣고 공감해 준다면 아이는 다시 마음을 열고 자신의 속마음을 자유롭게 표현할 것입니다.

아이가 집에서 거칠게 화를 내고 물건을 던지는 모습을 자주 보인다며 부모님께서 상담을 의뢰해 온 적이 있습니다. 아이에게 무엇이 힘든지 물어봤습니다. 아이는 자기 이야기를 아무도 들어 주지 않는다며 울먹였습니다. 몇 달 전 아빠에게 친구와 다퉈서 힘들다고 이야기했더니, 사내자식이 그런 것으로 고민하냐며 야단만 들었다고 합니다. 아이에게는 자신의 말을 진정으로 들어 줄 단 한 사람이 필요했던 것입니다. 상담을 통해 아이의 마음에 공감하면서 이야기를 귀담아들어 주니 아이는 어느덧 마음의 안정을 찾았습니다.

그럼 아이의 이야기를 잘 들어 주려면 어떻게 하면 될까요? 먼저 내 마음을 알아차려야 합니다. 심호흡하면서 내 마음이 어떤지 바라봅니다.

아이가 학교에서 담배를 피우다가 선생님께 걸려서 전화가 왔다고 생각해 봅시다. 이러한 전화를 받으면 아이에게 무척 실망하고 분노가 일어납니다. 그러나 아이의 말을 잘 듣기 위해서는 내 마음의 불꽃인 분노를 먼저 잠재워야 합니다. 분노를 잠재우지 않으면 아이에게 거친 말을 하거나 과격한 행동을 보일 수 있습니다. 우리는 이러한 분노를 침착하게 조절하기보다는 아이에게 먼저 화를 내며 질책하기에 바쁩니다. 몇 시간 후에 화가 가라앉은 다음에야 아이에게 했던 말들을 후회합니다.

분노의 감정이 나타날 때 심호흡하며 나의 감정에 집중하면 감정을 조절할 수 있습니다. 감정이 조절되면 아이의 말을 들어 줄 여유가 생깁니다. 부정적인 감정에서 벗어나면 상대방의 이야기가 더욱 잘 들립니다. 긍정적인 감정을 느낄 때 감정을 좀 더 쉽게 다스릴 수 있습니다. 그래서 부정적인 감정에 휩싸여 있을 때는 의도적으로 긍정적인 감정으로 바꾸기 위해 노력해야 합니다.

아이의 이야기를 경청하기 위해서는 아이가 말을 마칠 때까지 기다려 주는 자세가 필요합니다. 아이의 말을 중간에 끊어 버리면 아이는 자신이 무시당했다고 생각하여 불쾌감을 느끼게 됩니다. 그리고 TV를 보거나 책을 보면서 아이의 말을 건성으로 듣지 말고 온전히 아이의 이야기에 집중해 주어야 합니다. 아이가 이야기할 때 "그렇구나.", "이해가 되는구나."와 같이 말을 잘 듣고 있다는 반응을 보여 줍니다.

경청은 상대방을 배려하는 마음과 같습니다. 상대방을 배려하는 자세로 이야기를 귀담아들어 봅시다.

★ ★ ★

아이의 말을 잘 들어 주는 것은
아이의 마음을 이해해 주는 것입니다.
내 감정을 가라앉히고 아이 말을 들어 주세요.

관계가 좋아지는 3단계 경청의 기술

아이는 부모님을 통해 많은 것을 배웁니다. 대화하는 방법부터 표정, 말버릇, 걸음걸이까지 부모님을 거울삼아 그대로 보고 배웁니다.

아이와 대화할 때 아이의 말에 귀 기울여 들어 주는 엄마가 많이 있습니다. 엄마가 아이의 말을 잘 들어 주면 아이는 그 모습을 그대로 배워 행동으로 옮깁니다. 그래서 아이는 학교에서 친구들의 이야기에 귀 기울이며 잘 들어 주게 됩니다. 수업 시간에도 수업에 집중하며 적극적으로 참여합니다. 아빠가 이야기할 때도 건성으로 듣지 않고 귀담아듣습니다. 잘 들어 주면 상대방과의 관계가 돈독해지고 대화할 수 있는 길을 마련하게 됩니다.

경청은 상대방의 마음을 얻을 수 있는 가장 쉬운 방법입니다. 마음을 열고 상대방의 말을 귀담아들으면 서로를 이해하게 되고 관심과 애정이 생깁니다.

상대방이 내 말을 잘 들어 주면 존중받는 듯한 느낌을 받습니다. 친구가 나의 속상한 마음을 이해해 주고 잘 들어 주면 '나는 소중하고 가치 있는 사람이구나.'라고 느끼게 됩니다. 그리고 내 말을 잘 들어 주고 이해해 주는 친구와 좀 더 가까워진 것 같습니다.

나의 감정을 친구에게 표현하고 나면 마음도 한결 편해지고 속이 시원해집니다. '이렇게 사소한 고민을 이야기하면 친구가 놀릴 거야.'라는 생각으로 누구에게도 말하지 않는다면 속상한 감정들이 언제 폭발할지 모릅니다. 몸과 마음은 하나이기에, 억눌린 화나 분노 때문에 몸이 계속 아프기도 하고 무기력해지기도 합니다. 따라서 자신을 믿어 주는 사람에게 내 마음의 이야기를 들려주는 것은 정말 가치 있는 일입니다.

귀 기울여 상대방의 말을 듣기 위해서는 인내해야 합니다. 내가 인내를 가지고 들어 준다면 우리 아이도 다른 사람의 말을 귀 기울여 듣게 될 것입니다. 나의 말을 진정으로 잘 들어 주는 사람이 있다면 내 아픈 마음도 서서히 회복될 것입니다.

스테판 폴란은 "최고의 대화술은 듣는 것이다."라고 말했습니다. 이 명언은 듣는 것이 얼마나 중요한지를 알려 줍니다. 잘 듣기 위한 1단계, 들을 준비가 되었음을 보여 주어야 합니다. 대화하는 상대의 얼굴을 바라보며 '나는 당신의 이야기에 집중할 준비가 되었어요.'라는 메시지를 전하는 단계입니다.

다음으로 2단계는 상대방이 하는 말, 어투, 표정, 몸짓 등을 살펴보면서 이야기를 듣고 공감해 주는 것입니다. 아이가 이야기하면 아이의 말에 주의를 기울입니다. 고개를 끄덕이며 듣거나 재미있는 이야기를 하면 웃음을 짓는 행동을 해 봅니다. 흥미로운 이야기를 들을 때면 자연스럽게 몸이 기우는 것처럼 말하는 사람에게 몸을 기울이며 들어 봅시다.

마지막 3단계는 상대방이 이야기한 것을 바꿔 말해 주거나 요약, 명료화, 반영하는 것입니다. 상대방의 이야기를 잘 듣고 있음을 보여 주는 행동입니다.

그럼, 실제 사례를 살펴봅시다.

혜영: 나는 친구도 싫고, 과제도 싫어요. 수업 시간에 공부하는 것도 지겨워요.

엄마: 혜영이는 학교와 관련된 모든 것을 싫어하는구나.

이 대화에서 엄마는 혜영이의 말을 듣고 난 뒤 아이가 느끼는 감정이나 생각을 추측해서 말로 표현해 주었습니다. 엄마가 사용한 대화 기법은 '반영'입니다. 반영은 대화 중에 상대방이 한 말에 대해 이해한 점을 표현하는 방법입니다. 상대방의 이야기를 잘 들어야 반영을 할 수 있습니다. 상대방이 말한 것을 반영해서 들려주면 말한 사람은 '내 이야기를 잘 듣고 있구나.'라고 느낍니다. 반영하여 말하면 대화의 통로가 열립니다.

또한, 상대방의 이야기를 잘 이해하고 있는지 확인하기 위해서 자신이 들은 내용이 정확한지 상대방에게 질문해 봅니다. "저는 집에 매일 늦게 가요."라는 말은 할 일이 많아서 집에 늦게 간다는 의미일 수도 있고 힘든 일이 있으니 도와 달라는 의미일 수도 있습니다. 질문을 하면 내가 정확히 듣고 이해한 것인지 알 수 있습니다.

엄마와 태희가 함께 쇼핑하러 가기로 한 찰나에 태희에게 전화가 왔습니다. 단짝이었던 소연이에게 5년 만에 전화가 온 것입니다. 태희는 “엄마, 잠깐만 기다려 줘.”라고 말한 뒤 소연이와 전화로 대화를 나눕니다. 이때 엄마의 반응을 살펴볼까요?

엄마는 “쇼핑 가기로 해 놓고 엄마를 기다리게 만들어? 전화 끊지 못하겠니?”라고 태희에게 말했습니다. 바쁜 마음에 태희의 감정을 미처 고려하지 못하고 말한 것입니다. 태희가 잠깐만 기다려 달라고 말했지만, 엄마는 그 말을 듣지 않고 태희에게 언성을 높여 화난 목소리로 말합니다. 태희는 엄마의 말에 놀라 전화를 끊고 ‘엄마는 엄마 입장만 생각해. 내 얘기는 듣지도 않고.’라고 생각하며 속상해합니다.

만약 엄마가 “오랜만에 친구가 전화를 해 줘서 아주 반갑고 고마운 모양이구나. 그럼, 잠시 전화 통화하고 끝나면 알려 주렴.”과 같이 말했다면 어땠을까요? 태희는 엄마가 자신의 감정을 이해해 주고 공감해 준다고 생각할 것입니다. 또한, 엄마에게 고마움을 느끼며 모녀 관계가 더욱 돈독해질 것입니다.

엄마가 아이 말을 잘 들어 주면 아이는 고민거리나 사소한 이야기를 곧잘 하게 됩니다. 친구와 떡볶이 사 먹은 이야기부터 요즘 유튜브에 유행하는 노래까지 엄마에게 알려 줍니다. 엄마에게 이야기 못 할 속마음이 없게 됩니다. 그러면 엄마는 아이가 평소에 어떤 기분을 느끼는지, 어떤 생각을 하는지, 학교에서 어떻게 생활하는지 정확하게 알게 되고 아이를 더 잘 양육할 수 있게 됩니다.

* * *

최고의 대화술은 잘 듣는 것입니다.
1단계, 들을 준비가 되었음을 보여 주세요.
2단계, 주의를 기울여 이야기를 듣고 공감해 주세요.
3단계, 이야기를 잘 듣고 있음을 보여 주세요.

5장

"입을 닫아 버리는 아이, 마음을 활짝 여는 아이"

아이의 감정에 공감한다는 것

아이의 감정에 공감한다는 것

학교를 다녀온 영수가 투덜대며 엄마에게 하소연합니다. 민수의 책이 없어졌는데 민수는 영수가 책을 훔쳐 갔다고 의심하며 영수에게 화를 냈다고 합니다. 영수는 너무 억울하다고 합니다. 영수가 엄마에게 하소연하는 이유는 무엇일까요? 이해받고 공감받고 싶기 때문입니다. 같은 이야기를 반복하며 하소연하는 것은 그만큼 괴롭고 마음이 힘들기 때문입니다. 억울한 마음을 누군가가 들어 주고 이해해 주면 억울하고 속상한 마음이 풀립니다.

공감은 다른 사람의 생각, 감정을 이해하고 자신도 그렇게 느끼는 것을 말합니다. 즉, 상대방의 말을 듣고 감정을 알아주는 것입니다. 누가 내 말을 잘 들어 주고 내 감정을 이해해 주면 마음에 힘이 생깁니다. 그러면 응어리진 마음이 풀립니다.

공감은 듣는 사람의 생각을 비우는 것입니다. 아이가 하얀 도화지에 크레파스로 그림을 그립니다. 공감은 그 그림을 가만히 들여다보는 일입니다. 공감해 주면 아이는 이해받고 있다고 느끼고 말 못 할 고민도 이야기하게 됩니다. 그러면 서로에 대한 믿음이 생겨서 더 친밀한 사이가 됩니다.

아이가 마음이 힘들어 슬퍼하거나 몸이 아프다고 칭얼댑니다. 몸과 마음이 아프면 누군가에게 기대고 싶습니다. 이럴 때 아이의 몸과 마음을 헤아려 주는 것이 바로 공감입니다.

서울대병원 김붕년 교수팀은 전국 400명의 학교폭력 가해자 아이들을 대상으로 '공감에 바탕을 둔 분노 충동 조절 치료'를 8주간 실시했습니다. 그 결과 청소년의 비행, 공격성, 우울, 불안, 과잉 충동 행동 등의 점수가 치료 전보다 현저히 떨어졌습니다. 뇌 기능도 개선되었습니다. 전두엽과 두정엽의 신경회로가 활성화되어 충동, 공격성은 줄었고, 상대방의 감정을 공감하고 이해하는 능력이 높아졌습니다. 연구 결과에서 보여 주듯이 꾸준히 공감받으면 아이의 정서가 안정되고 행동도 개선됩니다.

폭력성이 짙은 아이를 상담한 적이 있습니다. 자존감이 낮고 마음에 상처가 많은 아이였습니다. 스트레스가 있으면 다른 사람에게 폭력을 행사하며 스트레스를 풀었습니다. 선생님이 자신의 요구를 들어 주지 않을 때는 감정 조절이 되지 않아서 차마 입에 담을 수 없는 말들을 퍼부어 댔습니다. 그 아이와 상담실에서 사진 치료를 진행했습니다.

아이는 사진에 찍힌 자신의 모습을 보고 "이 얼굴 너무 보기 싫어요. 창피해요. 얼굴을 지웠으면 좋겠어요."라며 빨간색 펜으로 자신의 얼굴 부분을 마구 지워 버렸습니다. 아이는 '아무도 나를 좋아하지 않아. 내 인생은 끝났어.'라는 부정적인 생각이 가득했습니다. 아이와 주기적으로 만나 공감 치료를 하면서 아이는 자신을 긍정적으로 생각하게 되었고 무사히 졸업할 수 있었습니다.

어린아이는 배가 고프면 울고 엄마에게 떼를 씁니다. 말을 못 하니 자신의 감정을 울음으로 표현하는 것입니다. 아이의 감정을 공감하고 엄마가 적절하게 돌봐 준다면 아이는 금방 안정됩니다. 그런데 아이가 원하는 것을 들어 달라고 떼를 써도 엄마가 아무 반응을 보이지 않거나 아이의 반응을 무시하면 아이는 혼란스러워합니다. 힘드니 알아 달라고 더 크게 울어 댑니다. 그러나 부모님은 아이의 마음을 헤아리지 못하고 울지 못하도록 야단을 칩니다.

공감받지 못한 아이는 '내가 힘들어도 나를 도와주는 사람이 없구나. 나는 보잘것없는 사람이구나.'라고 생각하며 상처를 받습니다. 아이가 공감받지 못하고 거부당하는 일이 많을수록 자존감은 바닥으로 추락합니다. 아이가 태어나서 2~3년 동안에 공감받지 못하는 일이 반복되면 불안정 애착이 형성됩니다. 불안정 애착이 형성되면 성인이 되어서도 정서적으로 불안정하며 대인관계 문제가 끊임없이 발생합니다. 나와 타인을 믿지 못하게 된 아이는 과격하고 거친 언행과 행동으로 자신을 알아 달라고 외치게 됩니다. 아니면 반대로 사회적으로 위축되고 우울, 불안 등의 심리적인 문제를 느끼며 살아가는 것을 고달프게 여깁니다. 공감받지 못한 아이는 불안정한 자아 정체성을 형성하게 됩니다.

인간의 공감 능력은 거울뉴런이라는 신경세포에서 담당합니다. 거울뉴런은 포유류 중 사람에게 가장 많다고 합니다. 사람은 눈 맞춤을 통해 서로 소통합니다. 아이는 관심을 눈길로 표현하고 부모님은 그에 반응합니다. 부모님이 미소 짓는 모습을 보면서 아이는 기쁨이라는 감정을 이해하고 공감합니다. 아이가 행복해하는 모습을 보며 엄마가 미소 짓는 것은 거울뉴런의 작용 때문입니다. 거울뉴런은 상대방의 느낌을 알아차려 공감할 수 있도록 돕습니다.

이러한 거울뉴런에 선천적인 이상이 있을 때 자폐 스펙트럼 장애가 나타납니다. 신경계의 이상으로 공감, 마음 읽기, 상황에 대한 이해가 어려운 것이 자폐 스펙트럼 장애입니다. 아이에게 자폐성 장애가 있으면 친구들과 어울릴 기회를 마련해 주어서 상대방의 마음을 읽는 연습을 할 수 있도록 도와야 합니다. 자폐성 장애로 아이가 소리를 지르거나 물건을 부수는 공격적인 행동을 하면 아이에게 감정적으로 대하지 말고 반응하지 않는 것이 좋습니다. 물건을 던질 때는 반응하지 않으며 아이가 던진 물건은 줍도록 안내해 줍니다.

부모님이 아이를 공감하기 위해서는 먼저 아이의 마음을 읽고 이해해야 합니다. 이해하지 못한 채 형식적으로 공감하는 시늉만 한다면 아이가 진정한 공감을 받을 수 없기 때문입니다. 그렇기에 아이의 상황을 살펴보고 어떤 마음을 가지고 있는지 이해하는 것이 먼저입니다. 아이에게 공감한다면 아이가 환하게 웃을 때 함께 웃어 주고, 아이가 속상해서 울 때 함께 울어 줄 수 있습니다. 부모님이 아이에게 "너는 이 세상에서 가장 소중하고 사랑스러운 존재야."라는 메시지를 전달해 주며 아이를 인정하고 공감할 때 서로 행복해질 수 있습니다.

공감해 줄 때는 아이가 하는 말을 있는 그대로 듣고 헤아려 주면 됩니다. 아이가 마음 아픈 이야기를 할 때 가만히 들어 주면 됩니다. 다른 사람을 행복하게 하면 돕는 자신도 즐거워집니다. 상대방의 마음을 헤아려 주는 것은 내 마음을 보살피고 이해해 주는 것과 같습니다. 아이를 대할 때의 자세도 똑같습니다. 들어 주고, 공감하고, 안아 주면 됩니다.

★ ★ ★

공감은 상대방의 말을 듣고 감정을 알아주는 것입니다.
누가 내 말을 잘 들어 주고 내 감정을 이해해 주면 힘이 생깁니다.
그러면 응어리진 마음이 풀립니다.

아이 입을 닫게 만드는 10가지 말 습관

부모 상담을 해 보면 아이의 마음에 공감하는 것이 쉽지 않다는 말씀을 자주 하십니다. 누구보다 소중하고 귀한 내 아이라서 바람과 기대가 큰 만큼 잘 키우고 싶은 마음을 가집니다. 대부분의 부모님은 아이의 말을 있는 그대로 들어 주기보다는 잘못된 부분을 알려 주고 고칠 수 있도록 조언이나 충고를 해 줍니다. 가만히 듣고만 있다면 부모의 역할을 하지 않는 것으로 생각합니다. 내가 겪었던 일을 미리 알려 줘서 아이가 나와 같은 어려운 일들을 당하지 않도록 애씁니다. 그래서 아이의 생각과 행동을 부모 입장에서 좋은 방향으로 바꿔 주기 위해 노력합니다.

우리는 일상생활에서 공감하기보다는 공감을 방해하는 표현을 주로 사용합니다. 공감을 방해하는 말에는 어떤 것들이 있을까요?

마셜 로젠버그는 《비폭력대화》에서 공감을 방해하는 10가지 장애물을 다음과 같이 정리했습니다.

충고/조언/교육하기

"그냥 그러려니 생각하렴."

"이 문제집을 풀어 보면 도움이 될 거야."

분석/진단/설명하기

"네가 친구를 대하는 태도에 문제가 있어."

"기출문제를 풀지 않아서 시험 점수가 나쁜 거야."

"수행평가가 너무 쉬웠어."

위로하기

"괜찮아. 다음에 잘하면 돼."

감정의 흐름을 중지시키기

"너무 걱정하지 마. 힘내서 다시 도전하면 돼."

내 얘기 들려주기

"나도 공부하기 싫었어. 우리 둘 다 공부를 싫어하는구나."

동정하기

"큰일이네. 너 앞으로 어쩌니?"

조사하기/심문하기

"그때 무슨 일이 있었니?"

평가/빈정대기

"넌 너무 심약해. 그래서 어떻게 살아 나가겠니?"

"네가 그렇게 행동하니 친구들이 놀리지."

바로잡기

"넌 너무 부정적이야. 앞으로 긍정적으로 보도록 노력해 보렴."

한 번에 딱 자르기

"그만 얘기해."

아이는 부모님이 아이의 말을 있는 그대로 들어 주고 헤아려 주기를 원합니다. 하지만 부모님은 문제의 원인을 파악하고 어떤 부분부터 도와줘야 할지 고민합니다. 이러한 행동은 아이의 마음을 알아차리기보다는 내 입장에서 생각하고 행동하여 해결책을 찾으려 노력하는 것입니다.

하지만 그렇게 찾은 해결책은 아이에게 별 도움이 되지 않습니다. 부모님 관점에서 해결책을 찾아 주면 아이는 자신이 부모님께 이해받지 못한다고 느낍니다. 아이는 해결책을 바랐던 것이 아니기 때문입니다. 이러한 경험이 반복되면 아이는 "부모님께 이야기해 봐야 별로 도움이 안 돼."라고 생각하며 입을 닫아 버립니다. 다음에 고민이나 결정을 해야 할 일이 생겨도 부모님에게 말하지 않고 혼자 끙끙대게 됩니다.

공감해 줄 때는 말하는 중간에 불쑥 끼어들지 말아야 합니다. 말을 자르면 말하는 사람은 기분이 나쁘고 불쾌해집니다. 상대방이 말을 마칠 때까지 잘 들어 주는 자세가 필요합니다. 끼어드는 행동이 반복되면 말하는 사람은 '내 말을 듣지 않을 거니까….' 라고 생각하며 아예 입을 닫게 됩니다. 대화할 때 중간에 끼어들지 않고 잘 들어 준다면 말하는 사람은 고맙게 느끼고 기분이 좋아질 것입니다.

요즘 학교에서 학생들에게 기대하는 핵심 역량 중 '심미적 감성 역량'이란 것이 있습니다. 심미적 감성 역량은 사람에 대한 공감적 이해, 예술과 문화에 대한 감수성을 중요하게 여깁니다. 이처럼 우리는 공감이 중요한 시대에 살고 있습니다. 예전에는 놀이터에 가면 친구들이 있어서 같이 어울려 공감하고 소통하는 법을 배울 수 있었습니다. 하지만 요즘에는 학교 공부로 인해 또래와 어울릴 시간이 부족하고 SNS가 대세이다 보니 혼자 노는 아이가 많습니다. 공감 능력을 키울 기회가 줄어든 것입니다. 이제는 가정에서 부모님이 관심을 두고 대화하며 공감하는 법을 가르쳐야 합니다.

★ ★ ★

아무리 부모님이라도 아이의 말을 자르면 안 됩니다.
그런 일이 반복되면 아이는 아예 입을 닫아 버리게 됩니다.
대화할 때 중간에 끼어들지 않고 잘 들어 준다면
아이는 마음을 열고 입도 열 것입니다.

관계가 돈독해지는 공감 대화법

진영이 엄마는 진영이가 다른 아이들보다 좋은 성적을 받게 하려고 교육에 많은 투자를 합니다. 엄마는 진영이가 좋은 대학에 들어가 괜찮은 직장에 취업해서 행복하게 살기를 바랍니다. 그래서 아이에게 교육적인 지원을 많이 하지만 아이는 다니기 싫은 학원에 다니라는 엄마에게 불평불만을 쏟아 냅니다. 아이는 엄마가 자신의 마음을 알아주지 못한다며 속상해합니다.

부모님이 바라는 것과 아이가 원하는 것이 다를 때 갈등이 생깁니다. 서로 사랑하지만 다른 방식으로 애정을 표현하므로 아이는 부모님의 애정을 느끼지 못하는 경우가 많습니다.

이럴 땐 아이에게 지나치게 이래라저래라 관여하기보다는 아이와 심리적으로 적당한 거리를 유지하는 것이 좋습니다. 지나친 개입은 상대방에게 심리적인 부담을 주어 득보다 실이 더 많아집니다. 아이의 의견을 존중하고 감정을 이해하고 공감하면서 지나치게 개입하지 않도록 합니다. 아이의 감정을 이해해 주고 아이의 이야기를 가만히 들어 주시기 바랍니다. 아이의 관점에서 아이가 어떻게 느끼는지 살펴보고 감정을 읽어 주면 아이는 마음의 문을 서서히 열게 됩니다.

다음의 대화를 살펴봅시다.

은수: 오늘 선생님에게 혼났어요. 이제 학교 안 갈래요.

엄마: 네가 뭔가를 잘못해서 선생님이 혼낸 것 같은데, 뭘 잘못했을까?

은수: 엄마는 제 말도 듣기 전에 제가 잘못해서 그런 거라고 말씀하세요?

엄마: 너 어른한테 그렇게 말대꾸하면 못쓴다. 선생님한테도 항상 예의 바르게 행동해야지.

은수: (씩씩대며 문을 쾅 하고 닫고 방으로 들어가 버린다)

엄마: (언성을 높이며) 문 조심히 닫지 않을래? 조심성이 없어서….

은수: (방에서 눈물을 글썽인다)

은수는 선생님께 혼이 나서 억울해합니다. 엄마는 아이가 무언가 잘못했을 것이라 생각합니다. 엄마는 은수가 학교 규칙을 잘 지키고, 선생님께 인정받을 수 있도록 조언한 것입니다. 그런데 아이는 엄마의 말에 화를 내며 문을 꽝 닫고 방으로 들어가 버립니다. 그런 아이의 태도에 엄마는 화가 나서 언성을 높입니다. 아이는 너무 속상해서 눈물을 글썽입니다. 엄마는 아이가 충분히 이해하리라 생각하고 대화를 이끌어 보지만 아이는 자신의 마음을 엄마가 이해해 주지 못한다고 느끼며 속상해합니다.

아이에게 고민거리나 힘든 일이 생겼을 때는 일단 아이 편이 되어 지지하고 격려해 주는 것이 좋습니다. 누가 잘못한 것인지 따져가면서 이성적으로 문제를 풀어 나가기보다 먼저 아이의 마음을 읽고 공감해 준다면 아이의 마음을 열 수 있습니다.

공감받은 아이는 자존감이 높아지고 자기 조절력도 향상됩니다. 아이의 마음에 공감해 주려면 부모님은 먼저 자신의 마음을 알아차려야 합니다. 몇 번이나 강조했듯이 내 마음을 알아차리면 나의 감정뿐만 아니라 말과 행동을 조절할 수 있게 됩니다. 그래서 아이를 이해할 수 있는 여유가 생기고 아이의 말에 공감할 수 있는 것입니다. 부모님의 공감을 통해 아이는 자신의 감정을 정확히 이해하고 인식하게 됩니다. 내 감정을 이해하면 다른 사람의 감정을 살펴볼 힘이 생깁니다.

따라서 아이의 감정을 이해하고 지지해 주며 문제를 풀어 가는 것이 좋습니다. 이렇게 되면 아이가 자신을 존중하고 다른 사람도 소중하게 생각할 수 있게 됩니다.

그러면 아이의 마음을 공감하는 대화는 어떻게 하는 것일까요?

은수: 오늘 선생님에게 혼났어요. 이제 학교 안 갈래요.

엄마: 속상하겠다. 학교에서 선생님과 무슨 일이 있었니?

은수: 반 아이들이 다 같이 떠들었는데, 선생님이 저만 혼내지 뭐예요. 그래서 정말 화가 났어요.

엄마: 선생님께서 다른 아이들도 같이 떠들었는데 은수만 혼내다니, 정말 학교 가기 싫을 정도로 화날 것 같아. (감정을 알아주고 공감하기) (관심을 기울이며) 학교에서 무슨 일이 있었는지 이야기해 줄 수 있어?

은수: 오늘 새로운 친구가 전학을 왔어요. 다들 새로운 친구가

누구인지 궁금해서 전학 온 친구 옆을 에워싸면서 친구에게 질문해 댔죠. 그러면서 교실이 시끄러워지니까 선생님이 저희 반 교실에 오셨어요. 저는 선생님이 오신 줄 모르고 전학 온 아이에게 계속 질문을 했죠. 선생님은 "자습 시간에 왜 이렇게 시끄럽냐"며 아이들이 있는 앞에서 저를 지목해서 혼냈어요. 다른 아이들도 같이 떠들었는데, 저만 혼나니 억울하고 속상했어요.

엄마: 어머, 많이 억울하고 속상하겠네. 다 같이 떠들었는데 은수만 혼이 났으니…. 그럼 앞으로 어떻게 하면 좋을까? 은수 생각은 어때?

은수: 선생님께 혼나서 화가 나긴 하지만, 이렇게 이야기하고 나니 마음이 편안해졌어요. 선생님이 교실에 들어온 순간에 다른 아이들은 조용히 있는데, 저만 말을 계속하고 있었네요. 앞으로는 친구들과 쉬는 시간에 이야기를 해야겠어요.

이 대화에서는 엄마가 은수의 마음에 공감해 줍니다. 엄마가 마음을 읽어 주니 은수는 마음이 풀리며 편안해집니다. 공감받은 후에 아이는 상황을 객관적으로 살펴볼 수 있는 눈이 생깁니다. 이때 어떻게 문제를 해결하는 것이 좋을지 아이가 직접 생각해 볼 수 있도록 질문해 봅니다. 아이는 스스로 문제의 실마리를 찾아내어 해결해 낼 능력이 있습니다.

또 다른 대화를 살펴볼까요?

민정: 어제 부모님이 싸우셨는데, 지금도 속상하고 머리가 아파.

친구: 부모님이 싸우셔서 속상하고 머리가 아프구나. (들은 대로 반영하여 공감하기)

민정: 응, TV 보는 문제로 싸우시는데, 왜 그렇게 싸우시는지 지금도 이해가 안 돼.

공감은 들은 그대로 반영하여 다시 말해 주는 방법과 상대방의 감정과 욕구를 추측해서 말하는 방법이 있습니다. 이 대화에서 친구는 민정이에게 들은 대로 반영하여 말하면서 공감합니다. 이렇게 상대방의 말을 읽어 주기 위해서는 우선 잘 들어야 합니다. 그리고 들은 그대로 말해 주면 상대방의 감정을 이해할 수 있습니다. 민정이는 친구가 공감해 주는 말에 마음이 편안해졌습니다.

태수: 우리 선생님은 정말 독특하셔.

민태: 무슨 일 있었어?

태수: 어제는 빙긋이 웃으며 인사해 주시더니, 오늘은 내가 인사했는데 받아 주지도 않으셨어.

민태: 속상하고 기분 나쁘니? (상대방의 감정과 욕구를 추측해서 말하며 공감하기)

태수: 응, 화가 나. 내가 뭘 잘못했다고 무시하고 가신 건지….

민태: 인사를 받아 주셨으면 좋았을 텐데….

태수: 다른 친구 인사는 받아 주셨는데, 내 인사만 안 받아 주셔서 서운했어. 나를 못 봤을 수도 있긴 하겠지만….

민태: 섭섭했겠네.

이 대화에서 민태는 태수의 감정과 욕구가 무엇인지 추측해서 말하고 공감합니다. 민태는 태수의 감정이 어떤지 헤아려 보고 태수의 감정을 이해하고 공감해 줍니다. 상대방의 느낌과 욕구를 추측해서 말해 주기 위해서는 말하는 사람을 주의 깊게 관찰하여 그의 감정과 욕구를 알아차려야 합니다. 민태의 표정이 밝은지, 어두운지, 떨리는 작은 목소리로 이야기하는지, 우렁찬 큰 목소리로 이야기하는지, 호흡이 가쁜지, 느린지 등을 주의 깊게 관찰합니다.

태수는 민태와 이야기한 후 자신이 존중받는 느낌을 받고 가슴이 후련해졌다고 합니다. 누가 나의 말을 이해하고 공감하며 가만히 들어 준다면 마음의 상처는 눈 녹듯이 녹아내리고 나의 마음은 세상과 대화하기 위해 기지개를 켤 것입니다.

* * *

공감은 들은 그대로 반영하여 다시 말해 주는 방법과
상대방의 감정과 욕구를 추측해서 말해 주는 방법이 있습니다.
우선 상대방의 말을 잘 듣고 감정을 공감해 주세요.
누구나 공감해 주는 말을 들으면 마음이 편안해집니다.

아빠와 놀면 아이의 공감력이 배로 커진다

공감 능력을 키우기 위해서는 부모님의 역할이 중요합니다. 특히 아빠의 역할이 중요합니다. 엄마와 아빠는 아이와 대화하거나 놀아 줄 때 각자 다른 방식으로 아이와 소통합니다. 엄마는 소꿉놀이, 비눗방울 놀이와 같이 정적이고 안정적인 놀이를 선호합니다. 반면에 아빠는 몸을 많이 사용하는 과감한 놀이를 자주 합니다. 아빠와 신체 놀이를 하면 아이는 아빠와 스킨십을 하면서 친밀감을 느끼게 되고 아빠의 사랑을 느끼게 됩니다. 또한, 아이는 자신을 인식하게 되고 활동적인 놀이를 통해 스트레스를 해소하고 공격성을 조절할 수 있게 됩니다.

거창하게 놀이공원에 가서 아이와 함께 놀아 주는 것만이 놀이는 아닙니다. 같이 무언가를 즐겁게 한다면 그것이 바로 놀이입니다. 비행기 놀이를 할 때 아이는 아빠와 손을 마주 잡고 다리를 하늘 위로 폅니다. 아빠 다리로 아이의 몸을 지탱하여 아이는 하늘 위로 나는 느낌이 듭니다. 아이는 아빠와 뛰면서 축구를 하기도 하고, 온몸을 사용해서 레슬링 놀이를 하기도 합니다. 노는 과정에서 소근육, 대근육을 사용하여 몸이 더욱 건강해집니다.

아빠와 함께 놀면서 대화하는 법을 배우고, 놀이 규칙을 익히면서 규칙을 지키는 일이 중요하다는 것도 알게 됩니다. 놀이하는 중에 아빠의 몸짓, 표정, 눈빛을 보면서 아빠의 기분을 읽을 수도 있습니다. 아이는 상대방의 기분에 따라 어떻게 말하고 행동해야 하는지 익히게 됩니다. 이렇게 놀이를 통해서 상대방의 감정을 이해하고 공감하는 기술을 자연스럽게 배울 수 있습니다.

좋아하는 놀이나 활동을 하면 마음이 즐거워지고 스트레스를 풀 수 있습니다. 스트레스가 풀리면 심신이 안정되고 편안해져서 자신의 감정을 잘 다스릴 수 있습니다. 종일 스마트폰 게임만 하는 아이는 밖에서 운동하거나 친구와 노는 일, 가족여행을 가는 일에는 흥미가 없습니다. 오직 스마트폰 생각에 사로잡혀 있는 아이에게는 스마트폰만이 즐거움을 줄 수 있기 때문입니다. 그럴 때 아이가 다양한 놀이와 활동을 통해 재미를 느낄 수 있도록 부모님이 도와주어야 합니다.

몸을 움직이며 하는 놀이는 스트레스를 풀 수 있을 뿐만 아니라 정서적 안정감도 느끼게 합니다. 아이와 함께 줄넘기를 하거나 공을 주고받는 놀이를 해 봅니다. 뛰어놀면서 몸을 움직이고 조절하는 법을 배우면 자신감도 커집니다. 신체를 움직이는 활동은 기분을 좋게 만듭니다.

아이는 노는 동안 놀이에 집중하기 때문에 집중력이 길러집니다. 이러한 집중력은 성적 향상에도 도움을 줍니다. 아이는 놀이의 규칙을 바꾸거나 색다른 형태로 바꾸어서 놀기도 합니다. 아이디어를 내어 새로운 놀이에 도전하면 창의력도 향상됩니다.

아이가 좋아하는 게임을 같이하는 것도 좋습니다. 특히, 퍼즐 맞추기, 청기 백기, 오목과 같은 게임은 아이의 주의 집중력을 높여 줍니다. 아이가 좋아하는 게임에 익숙해질 때면 점차 단계를 높여 도전해 봅니다. 단계를 높이면 좀 더 주의를 기울이는 노력을 하게 되므로 주의 집중력과 감정 조절력을 기르는 데 많은 도움이 됩니다. 아이와 함께 놀이하면서 규칙을 만들고 지키는 연습을 해 볼 수 있습니다. 아이는 놀이를 통해 감정을 나누고 행동을 통제하는 방법을 익힐 수 있습니다.

아이가 선생님께 꾸중을 들어 울적한 기분으로 집에 돌아와서 놀아 달라고 합니다. 이때 아빠와 함께 놀면 스트레스가 풀리고 아빠의 사랑을 느낄 수 있습니다. 아빠와 노는 사이에 아이의 울적한 마음도 사라집니다. 아이가 평온한 마음 상태가 되면 선생님과 있었던 일에 대해 물어보고 그때의 감정을 공감해 주시기를 바랍니다. 그러면 아이가 스스로 문제를 되새겨 보며 자신의 감정과 행동을 조절하여 해결책을 찾게 됩니다.

놀이할 때 아이의 감정을 공감하고 수용하는 것이 가장 중요합니다. 건성으로 "그래. 알았어. 어려운 것 있어?"와 같이 대답하면 공감대가 생기기 어렵습니다. 진실된 자세로 다가가서 이야기하고 놀아 주는 것이 아이의 공감력을 키우는 첫 단계입니다.

★ ★ ★

아빠와 놀며 대화하는 법을 배우고, 규칙의 중요성을 배우고,
아빠의 몸짓, 표정, 눈빛, 기분을 읽는 법을 배웁니다.
상대의 감정을 이해하고 공감하는 기술을 배웁니다.

공감으로 키운 아이는 다르다

부모님의 공감을 받고 자라난 아이는 부모님이 자신의 편이고 자신이 사랑받고 있다고 느끼게 됩니다. 그래서 '나는 괜찮은 사람이구나.'라고 생각하며 자존감이 높은 사람으로 성장합니다. 공감받고 자란 아이는 자신이 공감을 받은 것처럼 다른 사람의 감정을 공감할 줄 압니다. 그리고 '난 소중한 존재야.'라는 생각을 가지게 됩니다. 자기를 사랑하고 소중하게 생각하는 아이는 다른 사람들에게 당당하고 자신감 있는 모습으로 비칩니다. 그런 모습이 멋지게 보여 친구들에게 인기도 많습니다.

공감을 받은 아이들은 다른 사람의 감정을 쉽게 알아차립니다. 사람들의 작은 감정 변화를 민감하게 읽어 내는 눈썰미가 있습니다. 다른 사람에게 좋지 않은 일이 있을 때 상대방의 기분을 재빠르게 알아채고 마음을 위로하고 공감해 줍니다. 상대방은 공감을 받으면서 아픈 마음이 치유됩니다. 또한, 이해받는다는 느낌 덕분에 감정을 잘 조절하게 되고 자존감이 높은 사람으로 성장하게 됩니다.

학교에서 반장을 하거나 리더 역할을 하는 아이들이 있습니다. 리더의 공감 능력은 반 전체를 이끌어 나가는 데 있어서 중요한 역할을 합니다. 반장이 반 구성원의 입장과 감정을 이해해 주는 공감 능력이 뛰어난 아이라면 구성원들은 자신이 존중받음을 느끼게 되고 자신감도 커지게 됩니다. 공감 능력이 뛰어난 리더는 소외된 친구의 마음과 욕구를 헤아릴 줄 압니다. 자신의 의견만 내세우는 리더보다는 공감 능력이 뛰어난 리더가 친구들의 사랑과 인정을 받게 됩니다.

공감은 사람의 마음을 움직입니다. 또한, 공감 능력이 높은 아이는 자신과 의견이 다른 사람의 말도 경청하고 존중할 줄 압니다. 자신의 의견이 받아들여지지 않는다고 해서 절망하거나 자신을 부정하지 않습니다. 우울한 일이 있다 하더라도 자신의 감정을 조절하여 긍정적인 기분을 유지할 수 있습니다. 더불어, 다른 사람을 배려할 줄 알기에 대인관계가 좋습니다.

가난하고 불우한 어린 시절을 보냈어도 건강하고 긍정적인 삶을 살아 나가는 사람이 많습니다. 역경과 어려움을 이겨 낸 사람들에게는 자신을 믿고 지지해 주는 단 한 사람이 있었기에 고난을 헤쳐 나갈 수 있었던 것입니다. 어린 시절 제대로 된 돌봄을 받지 못했어도 내 말에 귀 기울여 주고 나의 마음을 이해하고 공감해 주는 사람이 있다면 고통을 이겨 낼 수 있습니다.

공감은 마음의 소리를 듣게 합니다. 서로의 마음을 따뜻하게 만듭니다. 삶을 풍요롭게 합니다. 어떤 일이 있어도 나를 이해해 주고 도와줄 수 있는 사람이 있다는 것은 아이의 마음을 평화롭게 하고 삶의 에너지를 채워 줍니다. 부모님과 자녀의 관계도 공감을 통해 긍정적으로 개선될 수 있습니다.

★ ★ ★

어린 시절 제대로 된 돌봄을 받지 못했어도
내 말에 귀 기울여 주고 나의 마음을 공감해 주는 사람이 있다면
고통을 이겨 낼 수 있습니다.

6장

"아이의 감정은 인정하고 행동은 규제하라"

아이의 마음을 움직이는 심리 대화법

나의 감정과 욕구를 전하는 '나 전달법'

민수가 영태에게 밤늦게 전화를 했습니다. 재미있는 만화책을 발견해서 내일 같이 만화방에 가자고 이야기할 참이었습니다. 그런데 영태가 민수의 전화를 받자마자 "네가 전화하는 바람에 우리 엄마가 깼잖아."라며 소리를 질렀습니다. 민수는 '나 때문에 영태가 화가 많이 났구나.'라고 생각되어 미안한 마음이 들었습니다. 그렇지만 한편으로는 갑자기 화를 심하게 내는 영태의 태도에 당황스럽고 불쾌한 기분을 느꼈습니다.

대화법 중에는 '나 전달법(I-message)'과 '너 전달법(YOU-message)'이 있습니다. 나를 주어로 말할 때와 너를 주어로 말할 때 듣는 사람이 느끼는 기분과 감정은 확연히 차이가 납니다. 앞의 사례에서 "네가 전화하는 바람에 우리 엄마가 깼잖아."와 같이 문장의 주어가 너인 경우를 너 전달법이라고 합니다.

영태가 민수에게 한 말은 민수가 잘못한 것을 지적하는 듯이 들립니다. 영태의 말을 들은 민수는 영태가 자신을 공격하는 듯한 느낌을 받습니다. 민수는 '내가 밤늦게 전화를 해서 그렇구나'라며 자신을 책망하면서도 기분이 상합니다.

또 다른 너 전달법의 예를 들어 봅시다. "너 요즘 만화책을 많이 보는구나. 공부는 안 하고, 정말 엄마 속만 썩이는구나."라고 엄마가 말합니다. 엄마가 너 전달법으로 말하면 아이의 행동에 문제가 있다는 듯이 들립니다. 너 전달법을 주로 사용하면 말하는 사람이 상대방을 공격하거나 비난하는 것처럼 들리고 관계가 멀어질 수 있습니다.

이에 반해 나 전달법은 "나는 ~라고 생각해.", "나는 네가 ~해서 화가 나. 네가 ~해 주면 좋겠어."와 같이 나를 주어로 말하는 것입니다. 내가 상대방의 행동에 대해 느낀 감정이나 생각을 전하는 것입니다. "민수가 요즘 만화책을 많이 봐서 엄마는 네가 공부에 집중을 못 할까 봐 걱정되는구나. 만화책 보는 시간을 조금 줄여 보는 건 어떨까?"와 같이 상대방에 대한 비난 없이 내가 원하는 것을 전달하는 방법입니다. 아이가 원하는 대로 행동하지 않아 화가 났을 때도 아이의 행동이 잘못되었다고 나무랄 것이 아니라 그 행동으로 인해서 느끼는 부모님의 감정과 욕구를 전달합니다.

나 전달법은 내 감정이나 생각을 표현하는 것이기 때문에 상대방에게 공격적으로 들리지 않습니다. 나 전달법은 상대방에게 도움을 요청하고 화해하고자 하는 메시지를 담고 있습니다.

나 전달법은 아이의 행동에 개선이 필요할 때 사용하면 도움이 됩니다. 나 전달법을 사용하여 아이와 대화하면 아이는 부모님의 감정과 욕구를 알아차리고 부모님을 돕기 위해 내심 애쓰게 됩니다. 아이의 행동으로 나타난 결과가 어떤 것인지 설명해 주면 아이는 자신의 행동을 스스로 돌아보고 행동에 대한 책임감을 느낍니다. 나 전달법으로 감정과 욕구를 표현하면 아이는 부모님의 마음을 이해하고 행동을 변화시키려 노력하게 됩니다.

나 전달법으로 이야기하면 나의 감정과 욕구를 표현하는 것이기에 듣는 사람은 비교적 편안한 마음으로 이야기를 들을 수 있습니다. 그러면 반감 없이 존중하는 분위기에서 대화할 수 있습니다. 서로의 생각과 느낌을 공유하면 좀 더 나은 해결책을 찾을 수 있습니다.

구체적으로 어떻게 대화하면 될까요? 나 전달법은 사실-감정-부탁의 순서로 3단계를 거쳐 이야기하는 방식입니다. 그럼 나 전달법으로 말하는 방법에 대해 알아봅시다.

1단계: 사실을 말한다

문제로 보이는 상황이나 행동에 대해 있는 그대로 말합니다. 주의할 점은 나의 주관적인 판단이 들어가서는 안 된다는 것입니다.

2단계: 감정을 말한다

행동의 결과로 내가 느끼는 감정이나 기분을 전합니다.

3단계: 부탁을 말한다

내가 원하는 것을 상대방에게 부탁합니다.

엄마가 아이에게 나 전달법으로 말하면 엄마의 감정과 욕구를 전하게 되어 아이는 엄마의 마음을 더 깊이 이해하게 됩니다. 그래서 엄마가 어떤 기분인지, 무엇을 원하는지 알 수 있습니다. 나 전달법은 다른 사람을 평가하거나 비난하는 것이 아니라 내 느낌과 바람을 있는 그대로 표현하는 대화법입니다.

그럼 나 전달법으로 말하는 다양한 사례를 살펴봅시다.

집 안 청소를 아무도 하지 않을 때

사실: 요즘 직장 일로 바쁘고 힘든데 거실에 먼지가 많이 쌓여 있는 것을 보니

감정: 집안일에 누구도 신경 쓰지 않는 것 같아 속상하구나.

부탁: 오늘 시간이 된다면, 거실 청소를 함께 도와줄 수 있겠니?

엄마가 내 말이 끝나기 전에 먼저 이야기할 때

사실: 엄마가 제 말은 다 듣지 않고 먼저 말씀하셔서

감정: 제 말을 오해하신 것 같아요. 그래서 당황스럽고 속상해요.

부탁: 앞으로는 제 말을 끝까지 들어 주셨으면 좋겠어요.

친구가 내 필통을 물어보지 않고 빌려 갔을 때

사실: 네가 내 가방에 있는 필통을 나에게 물어보지 않고 꺼내 가니

감정: 필통을 찾다가 필통이 없어진 줄 알고 깜짝 놀랐어.

부탁: 앞으로는 나의 물건을 빌릴 때 나에게 먼저 물어봐 줬으면 좋겠어.

엄마가 부탁한 것을 깜박 잊고 하지 않아서 "매번 잊어버리고 엄마 말은 제대로 듣지 않는 모양이구나. 말해 봤자 소용이 없구나."라는 말을 들었을 때

사실: 엄마의 말씀을 들으니

감정: 내가 실수투성이인 거 같아서 슬프고 속상하네요.

부탁: 엄마를 도와드리고 싶은데, 앞으로는 잊어버리지 않게 아침에 한 번 더 이야기해 주시면 좋겠어요.

2년 동안 연락이 안 되었던 단짝 친구에게 전화가 왔을 때

사실: 2년 동안 연락이 되지 않아서

감정: 너에게 무슨 일이 생긴 것은 아닌지 많이 걱정했어.

부탁: 너랑 계속 친하게 지내고 싶어. 자주 연락을 주고받았으면 좋겠다.

나 전달법으로 말할 때 주의할 점은 아이의 행동에 대한 감정이

나 기분을 전달하면 안 된다는 것입니다. 아이가 행동한 결과 때문에 느끼게 된 감정이나 기분을 전달하는 것이 중요합니다.

엄마가 책을 보고 있는데 아이가 엄마 방에 들어와 TV를 켜고 노래를 부릅니다. 엄마가 설거지할 때 아이가 TV를 보며 노래를 부르는 것은 엄마에게 크게 방해가 되지 않습니다. 그런데 엄마가 정신을 집중해서 책을 보고 있을 때 이러한 행동을 하면 엄마가 책에 집중하기 어렵습니다. 그럴 땐, 아이에게 아이의 행동 결과 엄마가 느낀 감정이나 기분을 솔직하게 표현합니다. 그리고 엄마가 원하는 것을 아이에게 부탁해 봅니다.

그럼, 엄마가 나 전달법을 사용한 예를 살펴봅시다.

"엄마가 책을 보고 있을 때 네가 TV를 틀고 노래를 따라 불러서 책에 집중하기가 어렵구나. 그래서 속상하고 기분이 좋지 않아. 민경이 방에 가서 TV를 봤으면 좋겠는데… 도와줄 수 있겠니?"

나 전달법으로 표현하는 연습을 해 보면 처음에는 익숙하지 않아 어색한 느낌이 들 수 있습니다. 아이들이 엄마의 말에 "엄마, 너무 오글거려, 갑자기 왜 그래."라며 웃을 수도 있습니다. 나 전달법으로 말하는 엄마도 쑥스러울 수 있습니다. 그렇지만 표현이 익숙해지고 듣는 사람도 반복적으로 듣다 보면 서로 이해받는다고 느끼며 관계가 개선될 것입니다.

★ ★ ★

나 전달법은 아이의 행동을 개선할 때 사용하면 좋습니다.
부모님이 나 전달법을 사용하여 아이와 대화하면
아이는 부모님의 감정과 욕구를 알아차리고
부모님을 돕기 위해 내심 애쓰게 됩니다.

공감하고 나서 요구하는 'Yes, but 화법'

같은 내용을 말하더라도 어떻게 표현하느냐에 따라 상대방이 느끼는 감정과 기분은 달라집니다. '가는 말이 고와야 오는 말이 곱다', '말 한마디에 천 냥 빚을 갚는다'라는 속담처럼 말의 힘은 상당히 큽니다. 말을 잘못하여 관계가 틀어지는 때도 있지만, 좋지 않았던 관계라도 배려하는 말을 사용함으로써 좋은 관계로 변화시킬 수 있습니다. 말을 할 때 상대방의 기분을 상하게 하지 않고 대화하는 것이 무엇보다 중요합니다. 서로를 배려하는 말을 주고받으면 이해와 공감이 더 커집니다.

살아오면서 상대방이 배려 없이 던진 험한 말 때문에 몇 날 며칠을 마음고생한 적이 누구나 한 번쯤 있을 것입니다. 자신의 입장만 생각하거나 감정 섞인 말투로 말을 쉽게 내뱉는 사람이 생각보다 많습니다. 보통 때는 큰 무리 없이 대화를 이어 나가다가 사소한 일이라도 터지면 자신의 감정을 주체하지 못하고 주위 사람에게 불만을 터트리는 사람도 있습니다. 종종 자신보다 약한 사람을 탓하며 자신의 책임을 회피하는 사람도 봅니다.

의견이 같거나 서로의 말에 동의할 때는 대화에 큰 무리가 없습니다. 그렇지만 상대방과 의견이 달라 상대방의 행동에 변화를 요청할 경우에는 나의 의견을 상대방이 기분 나쁘지 않게 말할 필요가 있습니다. 서로의 기분을 배려하는 대화법은 관계를 돈독하게 만들어 주므로 표현에 신중해야 합니다.

아이와 함께 생활하다 보면 아이의 행동에 제한을 두어야 할 때가 있습니다. 아이가 새벽 두 시 넘어서까지 모바일 게임을 하느라 잠을 자지 않는다고 합시다. 아이가 게임을 너무 많이 하여 엄마는 걱정되고 염려가 됩니다. 이럴 때 엄마가 아이에게 "앞으로 게임은 주말에만 해라."라고 명령조로 말하며, 평일 오후 여섯 시 이후에는 무조건 핸드폰을 빼앗아 버린다면 어떻게 될까요? 아이는 엄마의 행동을 이해하지 못하고 엄마에게 화가 날 것입니다. 엄마와의 관계도 소원해지게 됩니다.

그럼 이럴 때 엄마는 어떻게 말하고 행동하면 좋을까요? "진희야, 공부하느라 많이 힘들지? 공부하고 휴식이 필요할 때는 게임을 하면서 쉬는구나. 과제 끝나고 핸드폰 게임을 하는 건 좋아. 그런데 새벽 두 시까지 게임을 하면 다음 날 학교 수업에 지장을 주게 될까 봐 걱정이 된단다. 잠을 충분히 자야 다음 날 맑은 정신으로 등교하고 공부도 잘되지 않겠니? 그러니 엄마는 저녁 아홉 시가 되면 게임을 그만하고 잠잘 준비를 했으면 한단다. 진희 생각은 어떠니?" 이렇게 말해 보면 아이는 엄마의 감정과 욕구를 이해하게 됩니다. 그리고 엄마가 요청하는 것을 거부감 없이 받아들일 수 있습니다.

이렇게 상대방의 감정을 먼저 공감하거나 듣는 사람의 상황을 수용하는 표현으로 상대방의 마음을 헤아려 줍니다. 그다음에 내가 원하는 것을 부탁하면 상대방이 불편한 감정을 덜 느끼게 됩니다. 이것이 'Yes, but 화법'입니다. 말의 앞부분에는 "네."라고 상대방의 말에 공감한 뒤에 "그러나"로 상대방과 다른 나의 의견을 표현하는 것입니다. "당신의 말에 공감하지만, 제 생각은 다릅니다."와 같이 말하는 방법입니다.

식사 시간에 유튜브를 보느라 한 시간째 밥을 먹지 않고 엄마를 속상하게 하는 아이가 있습니다. 이럴 때 엄마가 "유튜브가 뭐가 재밌냐? 밥 먹을 땐 밥부터 먹는 거야. 핸드폰 이리 줘. 밥 다 먹으면 치킨 시켜 줄게."라고 말합니다. 이 말을 들은 아이의 기분은 어떨까요? 아이는 재미없는 유튜브를 무엇 때문에 보냐고 하는 엄마의 말에 상처를 받고 속이 상합니다. 그 뒤로 엄마가 맛있는 치킨을 시켜 준다고 해도 시무룩한 표정만 짓습니다. 아이는 엄마가 자신의 마음을 전혀 헤아리지 못한다고 생각하며 불쾌한 감정을 느낍니다.

이렇게 처음부터 부정적인 내용을 제시하면 상대방은 불쾌한 감정을 느끼고 서로의 관계는 어색해집니다. 뒤이어 긍정적인 내용을 전달한다 해도 썩 달갑지 않습니다. 엄마가 사용한 'No, but 화법'은 편안한 관계를 유지하는 데 도움이 되지 않습니다.

그럼 Yes, but 화법을 활용한 표현을 살펴봅시다. "동진아, 유튜브에 재미있는 내용이 있나 보다. 무슨 내용인지 엄마도 궁금해. 그렇지만 네가 밥을 한 시간째 먹지 않으니 엄마는 속상하구나. 식사부터 먼저 하면 좋겠어." Yes, but 화법을 사용하면 엄마가 아이에게 원하는 것을 표현하는데도 아이는 엄마에게 불쾌한 감정을 느끼기보다는 자신을 이해하고 공감해 준다고 느끼게 됩니다.

이 화법으로 말하면 부드럽게 대화를 이어 갈 수 있습니다. 아이와 대화할 때 이 화법을 사용하면 아이는 엄마가 자신을 존중하고 배려해 준다고 느끼게 됩니다. 그러므로 아이에게 단호하게 "안돼."라고 하기보다는 공감과 수용의 멘트를 먼저 사용하는 것이 아이의 마음을 여는 데 도움이 됩니다.

또한, "'미안하지만' 이것 좀 도와줄래?", "'바쁘겠지만' 함께 책을 찾아볼까?", "네가 '괜찮다면' 자리를 옮겨도 될까?"와 같이 상대방을 배려하는 표현을 덧붙이면 더욱 부드러운 분위기 속에서 대화할 수 있습니다.

★ ★ ★

'Yes, but 화법'은 먼저 상대방의 말에 공감한 뒤에
상대방과 다른 나의 의견을 표현하는 것입니다.
저항을 줄이고 대화 분위기를 부드럽게 해 줍니다.

사티어의 5가지 의사소통 모델

우리는 매일 다른 사람과 대화하며 소통하고 지냅니다. 말을 시작할 무렵부터 지금까지 부모님과 어떤 식으로 대화하고 소통하고 있는지 떠올려 봅시다. 서로 즐겁게 대화한 적도 있고 말로 상처를 주고받은 기억도 있을 것입니다.

버지니아 사티어는 경험적 가족 치료의 선구자로 의사소통 유형에 관해 연구하고 의사소통 가족 치료 모델을 개발했습니다. 사티어는 일상생활에서 문제나 다툼이 생기는 것은 자신의 감정을 억눌러 표현하지 않았기 때문이라고 보았습니다. 경험적 가족 치료에서는 감정을 잘 표현하고 기능적으로 의사소통하여 자존감을 향상시키는 것을 중요하게 여깁니다.

사티어는 사람이 제대로 기능하지 못하는 것은 자존감, 의사소통, 가족 규칙의 문제에서 비롯된다고 보았습니다. 특히, 사람이 심리적인 문제를 겪게 되는 것은 의사소통 유형과 이에 대한 대처 방식이 적절하지 못하기 때문이라고 여겼습니다. 그리고 낮은 자존감, 융통성 없고 비합리적인 가족 규칙으로 인해 가족의 문제가 나타난다고 보았습니다.

경험적 가족 치료에서는 자아존중감을 중요하게 생각합니다. 자아존중감, 다른 말로 자존감은 자신이 사랑, 존중, 신뢰를 받을 만한 가치가 있다고 믿는 마음을 말합니다. 자아존중감의 높고 낮음은 어린 시절에 부모를 긍정적인 대상으로 경험했는지, 부정적인 대상으로 경험했는지에 따라 달라집니다.

자존감이 낮은 사람은 자신이 느낀 감정을 억압, 투사, 무시하면서 감정과 말이 일치되지 않습니다. 자신의 감정을 억압하는 사람은 느낌을 말로 표현하지 않는 경우가 많습니다. 다시 말하면, 감정을 말로 표현하기 어려워합니다. 그래서 자신이 느끼는 감정과 말의 표현이 일치하지 않게 됩니다. 자신의 감정을 투사하는 사람은 어떤 감정을 느꼈을 때 다른 사람이 그 감정을 느낀다고 생각해 버립니다. 예를 들어 내가 상대방을 싫어하지만 자신의 마음을 인식하지 못한 채 무의식적으로 상대방이 나를 싫어한다고 생각하게 됩니다. 감정을 투사하는 사람은 자신의 진짜 감정을 알아차리지 못합니다. 감정을 무시하는 사람은 감정을 느끼지만, 별로 중요하지 않다고 여겨 무시해 버립니다.

자존감이 낮은 사람이 자신의 감정과 다르게 말하는 이유는 인간관계가 깨어질까 봐 두렵기 때문입니다. 내가 화, 짜증, 피곤과 같은 부정적인 감정을 전하면 상대방이 나를 멀리할까 봐 겁나기 때문입니다. 나의 솔직한 느낌이 다른 사람의 기분을 상하게 할까 봐 두려워서 내 느낌과는 다르게 말합니다. 또는 자신을 부정적으로 생각하여 자신의 감정을 솔직하게 표현하지 못하기도 합니다. 내가 올바르지 못한 사람이니 나의 감정도 잘못되었다고 생각합니다.

자존감은 내가 가치 있는 존재라고 느껴질 때 회복될 수 있습니다. 아이의 자존감이 낮을 때 아이가 자신의 장점을 활용해서 문제의 해결책을 찾을 수 있도록 격려해 주면 자존감이 향상될 수 있습니다. 스스로 문제를 해결하면 '나도 할 수 있다.'라는 자신감이 생기고 자신을 가치 있는 존재라고 생각하게 됩니다.

자존감이 높은 사람은 '나는 가치 있는 존재야.'라고 생각합니다. 무언가 실수를 했다 하더라도 '나는 멍청이야, 쓸모없는 사람이야.'라고 자기를 비난하고 공격하지 않습니다. '내가 잠시 딴생각하는 바람에 실수했구나. 앞으로는 조심해야겠어.'라고 다짐하며 자신을 위로하고 격려할 줄 압니다.

자존감이 높으면 다른 사람들과 소통하기를 즐깁니다. 자기 혼자만의 세계로 들어가 고립되기보다는 사람들과 함께 대화하고 호흡하는 것을 좋아합니다. 성격이나 가치관이 달라도 상대방을 받아들이고 존중할 줄 압니다. 나는 A라고 생각하지만 다른 사람은 B라고 생각할 때 다른 사람의 생각을 비난하거나 공격하지 않고 존중해 주면서 자신이 A라고 생각하는 의견을 논리적으로 말합니다. 다른 사람의 생각을 수용하고 공감해 주면 의사소통이 원활해져 관계가 좋아집니다. 사티어는 자존감이 높은 사람은 가족의 크고 작은 문제를 해결할 수 있다고 보았습니다.

사티어는 의사소통을 어떤 방식으로 하는지 살펴보면 자존감이 어느 정도 수준인지 알 수 있다고 말합니다. 의사소통은 언어적 표현과 비언어적 표현을 통해 이루어집니다. 말로 하는 대화뿐만 아니라 표정, 몸짓, 목소리와 같은 비언어적인 의사소통도 중요합니다. 사람이 의사소통하는 방식이나 유형은 어릴 때부터 배우고

익힌 것이지만 새로운 의사소통 방식을 익혀 변화될 수 있습니다.

사티어는 의사소통 유형을 회유형, 비난형, 초이성형, 산만형, 일치형의 5가지로 나누었습니다. 각 사례와 특징을 살펴봅시다.

회유형(Placate)

아빠: 너 왜 이렇게 밤늦게 다녀서 아빠를 속상하게 만드니?

아이: (고개를 떨구고 손을 비비면서) 아빠, 정말 잘못했어요. 제가 버스를 놓쳐서 이렇게 늦어 버렸네요. 다 제 잘못이에요. 한 번만 용서해 주세요. 제발요.

이 대화에서 아이의 의사소통 유형은 회유형입니다. 아이는 자신의 감정은 무시한 채 무조건 잘못했다며 아빠에게 용서해 달라고 합니다. 회유형은 상대방의 표정, 말투, 몸짓 등에 주의를 기울이고, 상대방의 마음이 불편해 보이면 상대방의 뜻에 맞추려 부단히 노력하는 타입입니다. 다른 사람에게 신경을 많이 쓰기에 내 생각과 감정을 표현하는 것을 무척 힘들어합니다. 다른 사람이 나를 미워하거나 싫어하지는 않을까 두려워하고 다른 사람의 눈치를 보며 위축되기도 합니다. 상대방의 비위를 맞추기 위해 다른 사람의 요구는 거의 받아들이는 편입니다. 무언가 일이 잘못되었을 때는 자신을 탓하며 속상해합니다.

이들의 마음속에는 '나는 보잘것없는 존재야.', '나는 힘이 없어.' 라는 생각이 자리 잡고 있어 종종 우울감을 느낍니다. 이렇게 자신의 감정을 무시하다 보니 마음속 한편에는 억눌린 분노가 자리를 잡습니다. 이렇게 자신을 무시하는 경험이 반복되면 자존감은 더 낮아집니다.

회유형의 장점도 있습니다. 다른 사람을 잘 돌봐 주고 예민하고 섬세하다는 것입니다. 이들은 사회복지사, 간호사, 교사처럼 다른 사람을 돌보고 챙겨 주는 데 능합니다. 회유형의 아이는 동생들을 알아서 챙깁니다. "과제는 했니? 언니랑 같이 밥 먹자."와 같이 부모님처럼 동생을 챙겨 줍니다. 동생뿐만 아니라 부모님의 상황과 건강을 살펴보고 챙겨 주려 애씁니다.

하지만 다른 사람을 돌보느라 자신을 돌보지 않습니다. 회유형에게는 다른 사람을 돌보듯이 자신의 감정을 존중하고 자신을 돌보는 것이 필요합니다. 특히, 아이가 회유형일 경우에는 아이가 자신의 감정을 억누르지 않고 표현할 수 있도록 도와주어야 합니다. 오늘 기분이 어떤지 물어보며 아이가 자신의 감정을 표현할 기회를 줍니다. 아이가 감정을 드러내면 아이의 말을 귀담아듣고 공감해 줍니다.

아이가 화나는 일이 생겨 표정이 바뀌었을 때도 느낌이나 기분을 물어봐 줍니다. "얼굴이 빨갛게 달아오르고 표정이 굳었구나. 지금 어떤 기분이니?"와 같이 불편한 감정을 말로 표현할 수 있도록 도와줍니다. "엄마는 하빈이가 어떤 감정을 이야기하더라도 다 들어 줄 수 있어."라고 하며 눈치를 보지 않고 편안하게 감정을 말할 수 있도록 격려해 줍니다. 그러면 아이는 '내가 어떤 감정을 말해도 엄마가 이해해 줄 거야.'라고 생각하며 서서히 마음의 문을 열게 됩니다.

아이와 놀아 줄 때도 "기분이 어때?", "이번 게임은 네가 이겼구나, 지금 기분이 어때?", "아쉽게도 게임에서 졌는데, 아빠와 게임을 하면서 어떤 느낌이 들었어?"와 같이 감정을 표현할 수 있게 질문해 봅니다.

대화할 때 아이의 의견을 존중해 주어야 합니다. 회유형 아이에게 윽박지르거나 아이를 주눅 들게 만들면 아이는 더 위축됩니다. 아이와 함께 이야기를 나누거나 놀아 줌으로써 부모님이 아이의 친구가 되는 것이 좋습니다.

거창하게 놀이공원에 데려가거나 동물원에 가지 않아도 됩니다. 가위바위보 놀이를 한다거나, 책을 같이 읽고 느낀 점을 이야기해 보는 것도 함께하는 놀이입니다. 베개 놀이나 간지럼 태우기 같은 신체 놀이도 좋습니다.

옆에만 있어 주는 것이 아니라 놀이에 참여하고 규칙을 아이와 함께 정해 봅니다. 아이가 자신의 의견을 이야기할 때 합리적이고 타당하다면 바로 그 자리에서 구체적으로 칭찬해 줍니다. "주사위를 던져서 누가 먼저 게임을 할지 정하자는 의견에 나도 동의해. 네 말처럼 규칙을 정하면 싸우지 않고 공평하게 게임을 할 수 있을 것 같아서 좋아. 좋은 의견을 말해 줘서 고마워.", "이렇게 노력하는 모습을 보니 참 대견하구나.", "성실히 참여하는 모습이 보기 좋다."와 같이 감정을 공감해 주고, 노력하는 모습을 칭찬하여 아이의 기를 살려 주는 것이 필요합니다.

회유형 아이는 학교에서 위축되어 자기 의견을 표현하지 못하는 경우가 있으니 자기주장 훈련으로 도와주어야 합니다. 자기주장 훈련은 다른 사람에게 자기 생각과 감정을 자유롭고 정직하게 표현하는 활동을 말합니다. 상대방에게 나의 욕구와 권리를 효과적으로 표현해서 자기주장을 할 수 있도록 돕는 것입니다.

회유형 아이가 자신이나 타인에게 피해를 주지 않는 선에서 자신의 의견을 자신감 있게 이야기하도록 격려해 줄 필요가 있습니다. 자기주장하는 방법을 옆에서 가르쳐 주면 아이에게 많은 도움이 될 것입니다.

자기주장 훈련의 예를 살펴봅시다.

호재는 민하에게 수업 시간에 자주 말을 겁니다. 민하는 호재의 질문에 답하느라 선생님의 말씀에 귀 기울이기 어렵습니다. 이럴 때 민하는 호재에게 호재의 행동이 수업에 방해가 된다는 말을 전하는 것이 좋습니다. 다음 문장은 민하가 자신의 주장을 표현한 것입니다. 두 문항 중에 효과적으로 자기주장을 한 문장을 찾아봅시다.

① 호재야, 수업 시간에 질문하지 마. 너 때문에 선생님 말씀을 못 듣게 되잖아. (X)

② 호재야, 네가 수업 시간에 질문하면 내가 선생님 말씀을 듣는 데 집중하기 어려워서 속상해. 미안하지만 질문은 수업이 끝나고 했으면 좋겠어. (O)

①번 문장은 듣는 사람에게 강요하거나 공격적인 표현으로 들릴 수 있습니다. 너 때문이라는 표현보다는 나의 감정과 욕구를

친구에게 부드럽게 전달하는 것이 좋습니다. ②번 문장은 상황에 대한 나의 감정과 욕구를 직접적이고 정직하게 표현한 것입니다. 이처럼 자기주장을 한다면 효과적인 의사소통을 할 수 있습니다.

가정에서 회유형 아이의 장점을 살려 강화해 주고 부족한 점은 부모님의 코칭으로 보완해 줄 수 있습니다. 다른 사람을 잘 돌보고 섬세한 회유형 아이에게 자신의 감정도 이해하고 보살필 수 있도록 감정을 표현할 기회를 열어 줍시다. 아이의 감정을 존중하는 분위기 속에서 아이는 자신을 존중하며 자랄 수 있습니다. 가족끼리 평등하게 자신의 의사를 말하고 아이의 의견을 존중해 주는 것이 첫걸음입니다.

비난형(Blame)

아빠: (화를 버럭 내며) 또 자니? 당장 일어나서 공부하지 못해?

아이: 알겠어요. 제가 잘못했어요. 용서해 주세요.

아빠: (문을 쾅 닫고 나가 버린다)

이 사례에서 아빠는 비난형, 아이는 회유형입니다. 아빠는 자기중심적으로 말하며 아이를 무시하는 태도를 보입니다. 비난형은 통제적, 지시적, 강요적인 표현을 주로 사용합니다. 그래서 공격적이고 비판적인 사람으로 보이는 경우가 많습니다. 비난형의 마음 한구석엔 '나는 외로운 실패자야.'라는 생각이 있습니다. 마음속에 외로움, 열등감, 소외감, 패배감이 자리 잡고 있습니다.

비난형은 에너지가 많고 지도력이 있다는 장점이 있습니다. 그리고 자신감 있게 자기주장을 펼칩니다. 그러나 비난형의 사람은 작은 일에도 곧잘 흥분합니다. 내 의견이 무시되었다는 생각이 들 때 큰소리를 냅니다. 이들은 자주 화를 내어 혈압이 오르고 목이나 근육이 경직된 느낌을 받을 때가 많습니다.

비난형의 아버지는 회사 일로 기분이 언짢은 상태에서 집에 돌아왔을 때 "집 안 꼴이 이게 뭐야? 당신은 요즘 무엇을 하고 다니는 거야?"라며 뜬금없이 화를 내는 유형입니다. 또한, "네 생각이 틀린 거야. 내 말이 옳다고."와 같이 다른 사람을 인정하기보다는 비난합니다. 이렇게 화가 올라올 때는 심호흡, 알아차림을 통해 화를 다스리고 자신의 감정을 추슬러야 합니다.

비난형은 상대방의 말에 귀 기울이는 연습을 해야 합니다. 또한 자신의 약점도 겸허히 수용하는 자세가 필요합니다. 내가 다른 사람들에 비해 섬세하지 못해 실수한다거나 성격이 급해 일정을 하나씩 놓친다면 이러한 부분도 나의 성향이며 일부이니 이러한 자신을 이해하고 수용하는 노력이 필요합니다.

아이가 비난형이라면 다른 사람을 존중할 수 있도록 부모님이 역할 모델을 해 주어야 합니다. 엄마가 친구나 가족을 대할 때 상대방을 존중해 주고 부드러운 미소로 상냥하게 맞아 주는 모습을 보이면 아이는 엄마를 통해 상대방을 존중하는 법을 배웁니다.

비난형은 일이 잘못되면 주로 남 탓을 하기에, 나 전달법을 통해 내 감정을 표현하며 원하는 것을 (상대방을 비난하지 않고) 부탁하도록 합니다. 비난형은 자신의 의견을 강하게 주장하면서 다른 사람의 의견을 무시하는 경향이 있습니다. 그렇기에 다른 사람의 말을 무시하지 않고 의견을 잘 들어 주는 연습이 필요합니다.

비난형의 마음속에 있는 '외로움'과 '실패'에 관련된 감정을 주의 깊게 살펴보고 과거에 어떤 일들로 인해 이런 생각들이 자리 잡게 되었는지 함께 이야기 나누어 보는 것도 좋습니다. 말로 풀면 생각이 정리되고, 감정도 더 명확해집니다. 비난형 아이가 다른 사람을 존중하는 태도를 가질 수 있도록, 그리고 자신의 감정을 조절할 수 있도록 도와줄 필요가 있습니다. 아이가 긍정적이고 합리적인 사고를 할 수 있도록 일상생활 속에서 긍정의 메시지를 전달해 보는 건 어떨까요?

초이성형(Super-reasonable)

엄마: 너 걸어가면서 핸드폰 그만하지 못해? 버르장머리가 없어서는….

아이: 엄마, 이건 야단칠 일이 아니에요. 제가 무엇 때문에 걸어가면서 핸드폰을 하는지 진지하게 생각해 보세요.

이 사례에서 엄마는 비난형, 아이는 초이성형입니다. 초이성형은 대화를 할 때 자신과 타인을 가치 없다고 여기고 오직 상황만을 중시합니다. 예를 들면 "나는 덥다."라고 말하지 않고 "날씨가 덥다."라고 표현함으로써 감정보다는 상황을 중시하는 표현을 자주 씁니다. 이들은 침착하고 차분해 보입니다. 문제가 생기면 감정적으로 대처하지 않고 객관적인 자료를 찾아 자신의 의견이 옳다는 것을 증명하기도 합니다. 더불어, 권위적인 행동을 주로 하고 원리 원칙을 중요하게 생각합니다.

그러나 이러한 초이성형의 내면에는 외로움, 고독감이 자리 잡고 있습니다. 이들은 사회적으로 위축되고 지나치게 긴장하여 경직된 모습을 보입니다. 초이성형은 감정이 격해지거나 흥분하는 것에 대한 불안감을 느끼고 있습니다. 이들은 변화에 위협을 느끼고 자신이 통제력을 상실할까 봐 두려워합니다. 초이성형은 공감 능력이 떨어지고 무표정한 모습을 보입니다. 주로 보이는 심리적 증상은 우울증, 자폐증, 강박증 등입니다. 이들은 어떤 상황이 생겼을 때 그냥 넘기지 않고 무엇 때문에 그런 일이 생긴 것인지 구체적으로 따져 보는 습성이 있습니다.

초이성형의 장점은 지적이고 문제를 해결하는 능력이 뛰어나다는 것입니다. 세부 사항에도 주의를 집중하는 능력이 탁월합니다. 반면, 불안이 높고 다른 사람에 비해 감정 표현이 미숙합니다. 아이가 초이성형일 경우 아이의 불안을 줄일 수 있도록 신체 이완 훈련이나 심호흡을 통해 경직된 몸을 풀어 주면 좋습니다.

초이성형의 아이에게는 감수성 훈련을 통해 감정을 표현할 수 있도록 합니다. 감수성 훈련은 두 사람의 관계 속에서 느껴지는 감정은 어떠한지 민감하게 살피고 적절하게 반응하여 서로를 공감하고 수용할 수 있도록 돕는 훈련입니다. 감수성 훈련을 하면 상대방의 감정을 섬세하게 읽을 수 있어서 긍정적인 관계를 만들 수 있습니다. 내가 생각하는 나의 이미지와 다른 사람이 생각하는 나의 이미지를 살펴보고 집단 속에서 나의 말과 행동이 다른 사람에게 어떤 영향을 미치는지 살펴봅니다. 그러면 나의 인간관계에 대해 이해하고 성찰할 수 있는 계기가 됩니다. 나의 인간관계에 대한 성찰을 통해 상대방을 배려하고 진솔한 생각을 표현할 수 있습니다. 이를 통해 의사소통 능력이 길러집니다.

그럼, 감수성 훈련 방법을 살펴봅시다. 먼저, 가족끼리 서로의 발을 씻겨 주는 훈련이 있습니다. 서로 발을 씻겨 주고 신체 접촉을 통해 느껴지는 감정을 함께 표현해 봅니다.

발을 씻겨 주며 감정을 표현할 때 "엄마 발이 뚱뚱하고 못생겼어요. 발이 거칠지만 귀엽고 사랑스러워요", "아이 발이 3개월 전보다 커진 것 같아요. 그런데 편식이 심해서 밥을 잘 안 먹다 보니 발도 너무 야위었어요. 속상하기도 하고 안쓰러워요. 우리 아이를 더 잘 챙겨 줘야겠어요."와 같은 반응을 보입니다. 신체 접촉을 함으로써 서로가 좀 더 가까워진 느낌을 받게 됩니다.

감수성 훈련의 또 다른 방법으로, 기쁜 일과 슬픈 일을 나누어 봅니다. 이와 같은 주제로 대화하는 시간이 없다면 부모가 자녀의 감정과 생각을 정확히 읽어 내기 어려운 경우가 많습니다. 최근에 가장 기뻤던 일과 슬펐던 일을 함께 이야기해 보고, 그때 느꼈던 감정을 표현해 봅니다. 아이들은 자신의 감정을 표현하고 부모님은 그 감정을 들어 주고 공감해 줍니다. 다음으로 부모님과 아이가 서로의 역할을 바꾸어 봅니다. 이야기를 듣다 보면 서로를 더 잘 이해하게 됩니다. 이와 같은 주제로 이야기하다 보면 아이들은 자신의 소중한 일상을 있는 그대로 느끼며 감정을 표현하게 됩니다. 기쁜 감정, 슬픈 감정을 표현하면 서로를 이해하고 공감할 수 있게 되어 긍정적인 관계를 형성하는 데 많은 도움이 됩니다.

손을 마주 잡고 손에서 느껴지는 느낌은 어떤지 함께 이야기해 볼 수도 있습니다. 느낌을 더 깊이 알아채기 위해 눈을 감아도 좋습니다. 조용히 손을 잡고 2~3분간 손에서 느껴지는 감각에 집중해 봅니다. 그 후에 서로의 느낌을 표현해 봅니다. 아이들은 "손이 정말 따뜻해서 내 마음도 편안해졌어요.", "처음엔 긴장해서 어색했는데 조금 지나니까 상대방 손이 부드럽고 촉감이 무척 좋았어요."라고 말합니다.

감정을 표현하는 또 다른 방법으로 자연과 이야기를 나누어 볼 수도 있습니다. 공원에 피어 있는 풀이나 꽃과 대화를 나눠 봅니다. "너는 어디에서 왔니?", "너의 이름은 무엇이니?", "만나서 반가워.", "밤에 잠은 잘 잤니?"와 같이 식물과 대화를 나누어 봅니다.

풀과 꽃의 감정에 귀 기울여 봅니다. 돌이나 나무, 물과도 같은 방법으로 대화를 나눠 봅니다. 우리 주위의 많은 생명체와 대화를 나누다 보면 그들이 우리의 친구라는 것을 느낄 수 있습니다. 함께 살아 숨 쉬는 가족이라는 것을 알게 됩니다.

초이성형의 아이는 자신의 감정을 잘 표현하지 못해 대화할 때 어려움을 느끼고 친구들과 친해지기 어렵습니다. 다른 사람과 원활하게 의사소통하기 위해서 표정, 몸짓, 목소리 등의 비언어적인 요소를 활용해 보는 것이 도움이 됩니다.

병수: 엄마, (큰 목소리로 씩씩대며) 태영이랑 앞으로 같이 안 놀래요. 어제 태영이랑 심각하게 다투었어요.

엄마: (몸을 아이 쪽으로 기울이며) 음, 병수가 어제 일로 많이 속상한가 보구나. (목소리 톤을 낮추고 부드럽게) 어제 태영이랑 있었던 일을 자세하게 이야기해 볼래?

이 사례에서 엄마는 비언어적인 요소를 활용하여 몸을 병수 쪽으로 기울이며 병수의 말에 관심을 표현합니다. 엄마는 부드럽고 낮은 목소리로 병수에게 있었던 일을 자세히 물어봅니다. 병수는 엄마가 자신의 말에 관심을 보이니 자신이 존중받는 듯한 느낌이 듭니다. 병수는 엄마에게 자신의 마음을 열고 생각과 감정을 있는 그대로 표현합니다.

사람들을 대할 때 밝게 미소 짓고 말하는 사람에게 몸을 기울여 내가 당신의 이야기를 잘 듣고 있다는 메시지를 전달합니다. 반가운 친구를 만났을 때 손을 흔들고 멀리서 반겨 주고 친구의 말에 고개를 끄덕여 공감하고 있다고 표현해 주면 소통에 많은 도움이 됩니다.

초이성형 아이는 자신과 타인을 존중하며 수용할 수 있도록 해야 합니다. 이를 위해서 감수성 훈련을 통해 자신과 상대방의 감정을 섬세하게 느끼고 표현하는 노력이 필요합니다. 더불어, 말투, 어조, 표정 등의 비언어적인 메시지를 사용하여 자신의 감정과 기분을 상대방에게 표현해 보는 것이 중요합니다.

산만형(Irrelerant)

엄마: 진희야, 밀린 과제는 다 했니? 내일 학교 가는 날이잖아. 게임은 그만하고 과제부터 해야지.

진희: 과제 안 하면 어때요? (다리를 흔들며) 저 사고 싶은 옷이 있

는데, 지금 같이 쇼핑 가요.

진희의 의사소통 유형은 산만형입니다. 산만형은 의사소통에서 자기, 타인, 상황을 모두 과소평가합니다. 주로 상황이나 주제에 맞지 않는 말을 하여 사람들을 당황스럽게 만듭니다.

수업을 들을 때 "선생님, 밥 언제 먹어요? 배가 고픈데, 어제 먹던 피자가 생각나네요. 집에 가서 게임해야 하는데, 수업 언제 끝나요?"와 같이 일관성 없이 상황에 맞지 않는 말을 하는 아이들이 산만형이라고 할 수 있습니다.

아이가 핸드폰 게임을 하며 식탁에서 밥을 먹지 않을 때 엄마는 "핸드폰은 밥 먹고 보는 거야. 밥 다 먹고 해라."라고 말합니다. 아이는 엄마 말을 듣는 둥 마는 둥 하며 "엄마, 우리나라 인구가 몇 명인 줄 아세요?"와 같이 딴전을 피웁니다.

산만형은 다른 사람의 말을 집중해서 듣지 않고 다른 생각을 하는 경우가 많습니다. 하나의 일에 집중하지 못하고 주제를 종종 바꾸어 말합니다. 또한, 생각이 쉽게 바뀌고 한꺼번에 여러 가지 행동을 합니다. 이들은 충동을 통제하지 못하여 학습, 대화 등에 어려움이 있습니다. 정서적으로 불안정하여 마음이 혼란스럽고 공감 능력이 떨어져 때때로 다른 사람들을 불편하게 합니다. 공부하기 어렵고 혼란스러운 마음이 자주 듭니다. 산만형은 내적으로 자신은 가치가 없는 존재라고 생각하며 외로움을 자주 느낍니다. 다른 사람으로부터 소외당하는 것에 대한 두려움을 가지며 다른 사람이 자신을 인정해 주길 바랍니다.

산만형은 산만하고 부산스러워 끊임없이 움직입니다. 이들은 방이나 거실을 계속 돌아다니거나 어질러 놓기도 합니다. 산만한 아이의 행동을 보면 부모님은 때때로 화가 나서 언성을 높입니다. 아이는 난감한 상황에서 다리를 떨거나 머리카락을 계속 만지며 눈을 깜박거리는 행동을 하면서 그 상황을 회피하려고 합니다.

이들은 유머 감각이 뛰어나 다른 사람들을 즐겁게 만들어 준다는 장점이 있습니다. 집에서 노래를 틀어 놓고 엉덩이춤을 춘다거나, 엄마 말을 익살스럽게 흉내 내며 웃음을 주기도 합니다. 이들은 분위기 메이커 역할을 하며 분위기가 가라앉아 있다고 생각되면 분위기를 바꾸려고 노력합니다. 산만형의 아이는 기발한 아이디어로 주위 사람들에게 웃음을 선사하는 매력을 가지고 있습니다. 또한 이들은 창의력이 뛰어나 새로운 아이디어를 생각해 냅니다. 이들은 자발적으로 새로운 일을 시도합니다. 그래서 또래 아이들보다 새로운 정보를 쉽게 발견합니다.

아이가 산만형일 경우에 한 주제에 집중할 수 있도록 주의 집중력을 길러 주어야 합니다. 또한, 다른 사람이 말할 때는 끝까지 말을 듣고 난 후에 자기 생각을 표현하도록 합니다. 말하는 중간에 말을 끊고 끼어들면 말하는 사람은 자신을 무시한다는 느낌을 받고 불쾌해집니다. 이들은 감정과 생각의 변화가 많으므로 마음챙김을 통해 마음이 평온해지도록 돕고 격려해 줄 필요가 있습니다. 산만형 아이가 자신, 타인, 상황을 모두 존중하는 아이가 될 수 있도록 가정에서 함께 노력해야 합니다.

일치형(Congruent)

엄마: 혜민아, 같이 외식하기로 하고 저녁 7시까지 식당에서 만나기로 했는데, 아무 연락도 없이 8시에 오다니. 무슨 일이 생긴 것은 아닌지 엄마가 얼마나 걱정했는데….

혜민: (엄마를 바라보며) 엄마. 죄송해요. 미리 늦는다고 말씀드렸어야 했는데…. 약속 장소에 가려는데 동아리 선생님이 급히 자료를 찾아 달라고 부탁하셔서 급하게 자료를 찾느라 늦었어요. 많이 걱정하셨지요?

혜민이의 의사소통 유형은 일치형입니다. 일치형은 앞의 4가지 유형과는 달리 자신의 감정과 생각을 일치시켜 말로 표현합니다. 긍정적인 감정뿐만 아니라 부정적인 감정도 억누르지 않고 표현할 줄 압니다. 다른 사람이 부탁한다고 하더라도 내가 부탁을 들어주기 어려울 때는 거절할 수 있는 용기가 있습니다. 개방적으로 생각하고 창조적인 삶을 살아갑니다. 이들은 상황에 적절하게 감정을 표현할 줄 압니다.

이들은 자신, 타인, 상황을 모두를 신뢰하고 존중합니다. 이들은 자신을 사랑하고 자신의 개성을 존중합니다. 또한, 타인이 나의 의견에 반대한다고 하더라도 상대방을 비난하거나 기분 나빠하지 않습니다. 일치형의 사람은 자존감이 높고 몸과 마음이 건강합니다.

사티어는 자존감이 낮으면 회유형, 비난형, 초이성형, 산만형과 같이 역기능적인 의사소통 유형이 나타난다고 보았습니다. 그래서 앞의 4가지 의사소통 유형인 회유형, 비난형, 초이성형, 산만형을 일치형으로 변화시켜 합리적인 의사소통을 하는 것이 중요함을 강조했습니다.

자신의 말과 감정을 솔직하게 상대방에게 표현하는 것은 대화를 원활하게 이어 나가는 데 중요한 역할을 합니다. 솔직하게 표현한다는 것은 공격적인 말과 화난 감정을 여과 없이 바로 드러내라는 의미가 아닙니다. 과격하고 거친 표현은 걸러내고 부드럽고 자유롭게 말과 감정을 표현하는 것을 의미합니다. 평소에 나 전달법을 활용하여 상황에 따른 나의 감정과 욕구를 표현하는 연습을 해 보는 것이 도움이 됩니다.

이제 같은 상황에서 사티어의 의사소통 유형에 따라 어떻게 반응하는지 종합적으로 살펴봅시다.

엄마: 학원 선생님에게 오늘 민지가 30분 지각했다고 전화 왔더라. 무슨 일로 늦었니?

회유형 아이: 엄마, 잘못했어요. 모두 제 잘못이에요. 제가 시계를 잘못 보고, 늦게 출발하는 바람에 늦었어요. 앞으로 안 그럴게요.

비난형 아이: 엄마가 오늘 학원 수업 시간을 잘못 알려 줬잖아요. (버럭 화를 내며) 엄마 때문에 늦은 거라고요.

초이성형 아이: 학교에서 학원으로 가는데, 앞차가 사고가 나서 버스가 보통 때보다 30분가량 늦게 도착했어요.

산만형 아이: 엄마, 지금 TV 드라마 재미난 거 해요. 리모컨

주세요.

일치형 아이: 엄마, 학원 선생님께 조금 늦는다고 미리 말했어야 했는데, 죄송해요. 학교 선생님께서 잠시 상담을 하자고 하셔서 상담하고 나니 시간이 훌쩍 지나 버렸어요. 학원에서 전화가 와서 엄마가 많이 걱정하셨겠어요.

역기능적인 의사소통 유형을 일치형으로 변화시키기 위해서는 부모님의 역할이 중요합니다. 의사소통 유형은 어릴 적부터 주로 함께 대화해 온 가족에게서 배우기 때문입니다. 사티어는 자기, 타인, 상황을 존중하여 자존감을 높이는 것을 중요한 과제로 보았습니다. 자존감이 높은 사람은 말과 감정을 일치시켜 대화하므로 자신의 느낌을 상대방이 쉽게 이해하고 공감할 수 있습니다. 그래서 다른 사람과 소통이 잘 되어 건강한 관계를 형성하게 됩니다. 자존감이 높은 일치형 아이는 다른 사람의 의견을 수용하고 존중하며 자신과 타인을 신뢰합니다. 더불어 자신의 내적, 외적인 자원을 사용해서 자신과 타인을 돕습니다.

일치형은 자신이 선택하는 삶을 살아가므로 삶의 주인공이 됩니다. 또한, 상대방을 이기려고 자기주장만 펴거나 자신을 방어하지 않습니다. 이들은 변화에 융통성 있게 대응하고 개방적으로 세상을 바라봅니다.

온 가족이 함께 말과 감정이 일치하는 의사소통을 사용한다면 오해와 갈등은 줄어들고 삶의 질을 높일 수 있습니다. 아이가 자신의 감정을 솔직하게 표현하고 말과 감정이 일치되는 의사소통을 할 수 있도록 도와야 합니다. 일치적 의사소통을 통해 관계가 회복되고 자존감이 높아져 행복한 삶을 살 수 있습니다.

★ ★ ★

자존감이 높은 사람은 말과 감정을 일치시켜 대화하므로
자신의 느낌을 상대방이 쉽게 이해하고 공감할 수 있습니다.
아이의 의사소통 유형이 일치형이 되도록
어려서부터 자존감을 길러 주세요.

낮고 부드러운 음성으로 말하라

아이가 엄마의 말을 안 듣는 경우가 종종 있습니다. 가끔 아이들은 엄마의 이야기를 못 들은 척하기도 합니다. 아이가 이렇게 행동하면 당황스럽습니다. 이런 행동이 반복되면 엄마는 화가 나서 언성을 높이게 됩니다. 화가 날 때는 목소리 톤이 높아지고 목소리가 커집니다. 말의 속도도 빨라집니다. 놀랐을 때도 마찬가지입니다.

캘리포니아 대학교 심리학과 명예교수인 앨버트 메라비언은 의사소통할 때 비언어적 메시지가 언어적 메시지보다 더 중요하다고 말했습니다. 비언어적 메시지는 패션, 외모, 자세 같은 시각적 메시지(55퍼센트)와 목소리 톤, 말의 속도 같은 청각적 메시지(38퍼센트)를 말합니다. 의사소통에서 언어적 메시지는 겨우 7퍼센트의 비중을 차지합니다. 비언어적 메시지인 몸짓, 자세, 외모, 목소리, 말투로 그 사람의 첫인상이 대부분 결정됩니다. 따라서 비언어적 메시지인 청각적 메시지는 의사소통에서 많은 비중을 차지하며 중요한 역할을 합니다.

흥분하면 당황해서 말의 속도가 빨라지고 말을 더듬거리게 됩니다. 격앙된 목소리로 말하는 경우는 보통 마음이 불안정하고 감정이 요동칠 때입니다. 높은 톤으로 말하는 사람과 대화할 때 듣는 사람은 마음이 불안하고 초조해집니다. 톤을 낮추어 말하면 높은 톤으로 말할 때보다 편안하고 안정된 느낌을 줍니다.

말의 속도도 빨리 말하는 것보다 천천히 말하는 것이 상대방에게 더 신뢰감을 줍니다. 아이에게 좋은 의도로 말하지만 말의 속도가 빠르고 높은 톤이라면 아이는 엄마가 화난 것으로 오해하거나 말의 의도를 잘못 이해할 수 있습니다. 엄마가 아이에게 "잘했다."라고 높은 톤으로 크게 말했을 경우를 생각해 봅시다. 아이는 엄마가 칭찬하려고 말한 것인지, 비꼬아 말하는 것인지 헷갈릴 수 있습니다. 엄마가 높은 톤으로 말을 하면 아이는 편안함과 안정감을 느끼기 어렵습니다. 같은 말을 하더라도 낮은 톤으로 말할 때와 높은 톤으로 말할 때 듣는 사람의 느낌은 확연히 다릅니다.

아이와 대화할 때 약간 낮고 부드러운 톤으로 천천히 말해 봅시다. 아이에게 신뢰감과 마음의 안정을 줍니다. 화가 난 상황에서도 감정을 조절하여 의도적으로 부드러운 음성으로 말해 봅시다. 연습하다 보면 목소리 톤과 말의 속도는 조절할 수 있습니다. 낮은 톤으로 천천히 말하는 습관을 지니면 상대방의 호감과 신뢰를 얻어 좋은 관계를 유지하는 데 도움이 됩니다.

* * *

아이와 대화할 때 약간 낮은 톤으로 천천히 말할 경우,
아이에게 신뢰감과 마음의 안정을 줍니다.
화가 난 상황에서도 감정을 조절하여
의도적으로 부드러운 음성으로 말해 봅시다.

7장

"스스로 계획하고 스스로 실천하는 아이"

아이의 감정 조절력을 키우는 심리 기술

아이에게 자기 결정권을 허하라

자신의 감정을 이해하고 조절할 수 있는 아이는 자율적으로 세상을 살아갈 수 있습니다. 자율적으로 살아간다는 것은 삶을 내 방식대로 산다는 뜻입니다. 즉, 있는 그대로의 모습대로 살아가는 것입니다.

심리학자인 에드워드 데시, 리처드 라이언은 인간에게 자율성, 유능감, 관계성이라는 3가지 욕구가 있다고 했습니다. 그리고 이 3가지 욕구가 모두 충족되었을 때 학습과 성장의 동기가 나타난다고 보았습니다. 그중 자율성의 욕구는 스스로 행동을 선택하고 외부 환경을 통제하려는 욕구를 말합니다.

부모님이 아이에게 이래라저래라 간섭하고 통제하는 경우 아이는 자율성의 욕구를 충족하지 못합니다. 부모님이 정해 준 규칙과 행동에 따르며 통제에 이끌려 자라 온 아이는 다른 사람이 정한 규칙과 가치를 조건 없이 받아들여 수동적이고 의존적인 삶을 살아가게 됩니다. 다른 사람의 기준과 조건에 맞추어 자신을 판단하게 됩니다. 그래서 다른 사람의 기준에 맞추기 위해 부단히 노력하고 자신의 욕구를 억누릅니다. 자신의 욕구가 무시되면, 우울, 불안 등의 심리적인 문제가 나타나 정신 건강에 해롭습니다.

반면에 아이에게 자율적으로 행동할 수 있는 기회를 주고 공감적으로 대한다면 아이는 활기찬 삶을 살 수 있고 자기 조절력도 높아집니다. 아이는 자유롭게 놀면서 다양한 경험을 하고 창의성을 키울 수 있습니다. 감정 조절을 잘하는 아이는 창의력이 뛰어납니다. 감정 조절력이 뛰어난 아이는 힘든 일이 있어도 자신의 목표를 이루기 위해 끈기 있게 노력합니다. 그 결과, 새롭고 독창적인 아이디어를 만들어 목표를 성취해 낼 수 있습니다. 스스로 행동을 선택하여 작은 성취라도 이루어 낸다면 아이는 '나도 할 수 있다.'는 자신감이 생깁니다. 자신을 긍정적으로 생각하게 되고 정신적으로 더욱 건강해집니다.

아이의 자율성을 높이기 위해서는 아이가 스스로 행동을 선택하도록 기회를 주고 자유롭게 의사결정을 할 수 있는 환경을 만들어 주어야 합니다. 또한 아이가 어떤 일을 스스로 결정했을 때, 그 선택에 책임감을 느끼게 해야 합니다. 부모님은 아이의 의견을 존중하고 결정을 행동으로 옮길 수 있도록 도와줍니다. 아이가 결정한 일의 결과가 좋지 않더라도 너무 실망하지 않도록 다독여 주고 격려해 줍니다. 비록 결과가 나쁘더라도 '앞으로는 이럴 때 이렇게 행동해야지.'라며 성찰할 수 있는 계기로 삼으면 됩니다. 실패를 거울삼아 노력하다 보면 앞으로는 더욱 바람직한 의사결정을 할 수 있습니다.

아이의 자율성을 높이기 위한 또 다른 방법이 있습니다. 아이들이 과제를 자기 방식으로 해결할 수 있게 하거나 과제하는 시간을 스스로 정해 보게 합니다. 아이가 스스로 목표를 정하고 목표에 맞추어 계획대로 진행되었는지 점검할 수 있도록 아이를 격려해 줍니다.

공부 이외의 시간에도 아이가 자신의 행동을 선택할 수 있도록 기회를 주는 것이 좋습니다. 가정이나 학교에서 생활 규칙을 정할 때 아이의 의견을 존중하여 함께 정하면 아이의 자율성 욕구가 충족됩니다.

누구나 행복하고 활력 있는 삶을 살고 싶어 합니다. 도전적인 과제를 통해 성취감을 맛보고, 자율적으로 어떤 일을 선택해 원하는 결과를 얻는 것은 내면을 풍요롭게 합니다. 오늘부터 아이에게 작은 일이라도 스스로 결정할 기회를 주는 것은 어떨까요?

★ ★ ★

자신의 감정을 이해하고 조절할 수 있는 아이는
자율적으로 세상을 살아 나갈 수 있습니다.
즉, 있는 그대로의 나의 모습대로 살아가는 것입니다.

아이의 장점에 집중하라

직장 일을 마치고 집에 돌아왔을 때 아이의 행동 때문에 화가 날 때가 있습니다. 아이는 방을 엉망으로 어질러 놓거나 학원을 빠지고 과제를 하지 않는 등 잔소리하기 전까지 자기가 할 일을 하지 않고 있습니다. 퇴근 후 집에 돌아오면 에너지가 고갈되어 나의 감정을 조절하기 더욱 어렵습니다. 아이가 실수하거나 잘못한 부분만 눈에 들어오고 잘못한 행동을 바로잡기 위해 아이를 닦달하게 됩니다.

상담실에서 아이들을 만나다 보면 "엄마가 잔소리를 많이 해서 스트레스예요.", "제가 엄마에게 도움이 안 돼서 속상해요."라는 말을 많이 합니다. 부모님은 아이의 잘못된 행동을 바로잡기 위해 훈육하는 것이지만, 아이는 심리적 부담을 느껴 부정적인 영향을 받습니다.

강점 이론에 따르면 일반적인 사람들은 자신의 약점을 고치는 데 많은 시간을 사용하지만 성공하는 사람들은 자신의 장점 즉, 강점을 강화하기 위해 애쓴다고 합니다. 성공하기 위해서는 약점을 변화시키기보다 강점에 집중하는 것이 더 좋습니다.

사람은 누구나 장단점을 가지고 있습니다. 우리는 보통 단점에 주의를 기울이며 말합니다. 하지만 아이에게 단점뿐만 아니라 장점이 있다는 사실에 집중할 필요가 있습니다. 가령, 학교 성적이 나쁘고 산만하여 엄마에게 잔소리를 많이 듣지만 친구를 배려해 주거나 공감해 주는 사회적 지능이 발달한 아이가 있습니다. 이 아이의 나쁜 성적과 산만한 행동에만 집중하여 이를 계속 지적한다면 아이는 자신감을 잃고 자존감도 낮아질 것입니다. 하지만 아이의 장점인 사회성에 주목하고 꾸준히 칭찬해 주면 아이는 자신에 대해 긍정적으로 평가하고 자신감도 충만해집니다. 또한, 친구를 배려하고 공감해 주는 일에 더욱 적극적으로 나서게 되어 친구들에게 좋은 영향력을 미치게 됩니다.

자녀의 장점을 지속해서 칭찬해 주고 격려해 주면 아이의 주의 집중력이 높아집니다. 부모님이 아이의 장점을 말해 주면 아이는 자신이 잘하는 일이 무엇인지 구체적으로 알게 되고 잘하는 일에 좀 더 집중할 수 있습니다. ADHD 아동에게 아이의 장점을 말해 주고 긍정적인 감정과 애정을 표현해 주면 주의력 결핍, 과잉 행동, 사회성 문제를 덜 일으킨다고 합니다.

정국이가 엄마와 쇼핑하러 갔다가 장갑을 잃어버렸습니다. 정국이의 부주의한 행동에 엄마는 화가 납니다. 그렇지만 화나는 감정에서 잠시 벗어나 아이에게 주의를 기울입니다. "너 장갑 어디서 잃어버렸니? 왜 이리 칠칠치 못하니?"라고 표현하는 대신, "장갑을 어디서 잃어버렸을까? 정국이는 주의 집중력이 뛰어나지. 주의를 집중해서 지나온 길을 돌아가서 장갑을 찾아보자."라고 아이에게 말합니다. 엄마는 불쑥 올라오는 화를 조절하고 아이의 장점인 주의 집중력에 초점을 맞췄습니다. 이를 통해 아이가 자신의 장점인 주의 집중력을 높여 잃어버린 장갑을 찾을 수 있도록 도울 수 있습니다. 아이의 장점에 집중하면 문제가 풀리는 경우가 많습니다.

아이의 장점을 알아보기 위해서는 장점을 찾아보는 활동을 하면 도움이 됩니다. 예를 들어, 아이의 장점을 5가지 정도 찾아봅니다. 그리고 장점을 활용하여 일상의 문제를 풀어 나가는 활동을 해 봅니다. 아이의 장점을 칭찬해 주고 장점을 통해 문제를 해결해 나갈 수 있도록 도와줍니다. 예를 들어, "우리 민지는 성실하고 부지런해서 학교 과제를 꼬박꼬박 잘 해내는구나. 요즘 아침에 늦잠을 자지만 민지의 성실함을 발휘해서 아침 등교 시간을 지켜 보자."라고 말해 주면 아이는 자신의 장점인 '성실함'에 집중하여 스스로 제시간에 등교하기 위해 노력하게 됩니다.

아이의 장점을 인정해 주고 칭찬해 주면 회복탄력성, 자기 조절력, 자존감이 높아집니다. 장점에 집중하면 풀기 힘든 일들도 순조롭게 해결됩니다. 이제 아이의 작은 장점이라도 칭찬해 주는 습관을 길러 봅시다.

★ ★ ★

사람들은 자신의 약점을 고치려 많은 시간을 사용하지만
성공하는 사람들은 자신의 장점 즉, 강점을 강화하기 위해 애씁니다.
이제 아이의 작은 장점이라도 칭찬해 주는 습관을 길러 봅시다.

시간표가 있는 아이, 없는 아이

시간을 효율적으로 사용하기 위해서는 해야 할 것과 하지 말아야 할 것을 정하면 도움이 됩니다. 이렇게 할 일을 구분해 놓으면 해야 할 것에 집중할 수 있는 여유가 생깁니다. 아이도 자신이 해야 할 일에 집중하여 마음의 여유가 생기면 스트레스가 줄어듭니다. 스트레스가 줄어들면 심신이 편안해져서 자기 조절력도 높아집니다.

아이가 시험, 연주회 등 중요한 일정을 앞두고 있을 때는 중요한 일에 집중할 수 있도록 스스로 계획을 세우게 합니다. 중요한 일이 무엇인지 살펴보고 일의 우선순위를 정하면 해야 할 일과 하지 않아도 될 일이 분명하게 보입니다. 우선순위를 정하지 않으면 그다지 중요하지 않은 일에 몰두하느라 정말 중요한 일에 집중하기가 어렵습니다.

예를 들어 경석이는 이틀 뒤에 기말고사 시험이 있습니다. 그런데 오늘 친구들과 스마트폰 게임을 하기로 했습니다. 내일은 옆동네 민준이와 축구 경기를 보러 가기로 했습니다. 경석이에게는 모든 일정이 중요하게 여겨집니다. 그렇지만 앞으로의 목표를 분명히 정하게 한 뒤에 일의 우선순위를 정해 보면 '해야 할 일'과 '하지 말아야 할 일'이 분명하게 구분됩니다. 이렇게 일의 우선순위를 정해 보면 '해야 할 것'에 집중하게 되어 좀 더 빨리 목표를 달성할 수 있습니다.

아이가 일의 우선순위를 정해서 중요한 일을 먼저 할 수 있도록 도와주어야 합니다. 중요한 일에 집중하게 되면 자기 통제력이 높아지고 자기 조절력도 향상됩니다.

삶이 아주 빡빡하고 여유가 없을 때는 하지 말아야 할 일을 먼저 적어봅니다. 해야 할 일은 계획을 짜면서 많이 적지만, 하지 말아야 할 일을 찾아 적어 본 적은 거의 없을 것입니다. 집 안에 여러 물건을 쌓아 두어서 발 디딜 틈이 없다면, 버릴 물건을 먼저 정해서 버리는 것이 우선입니다. 필요 없는 것을 버리고 나면 집 안이 한결 깔끔해지고 여유 공간이 생겨 마음도 안정됩니다.

아이들은 고양이 밥 주기, 식물에 물 주기, 쇼핑하기, 전화하기, 학원 가기, 숙제하기, 샤워하기, 양말 빨기, 유튜브 보기 등 소소한 일정으로 바쁘게 생활합니다. 여러 일정이 겹쳐 바쁜 아이에게 목표에 따른 일의 우선순위를 정하게 하고 필요 없는 일정을 버리도록 하여 마음의 여유를 찾아 주는 건 어떨까요?

계획한 일을 실천하려면 굳은 의지와 각오가 필요합니다. 머릿속으로 '오후에 3시간 영어 공부하기', '인터넷을 3시간 이하로 사용하기' 같은 계획을 짜도 행동으로 옮기기 쉽지 않습니다. 일상 시간을 어떻게 사용하는지 살펴볼 필요가 있다면 점검표를 활용해 보는 것이 좋습니다.

예를 들어, 아이가 스마트폰을 지나치게 사용한다면 스마트폰 사용 점검표를 작성해 보는 것이 도움이 됩니다. 스마트폰을 하루에 몇 시간이나 이용하는지 기록해 보고 사용하는 이유에 대해 간단히 적어 봅니다. 매일 기록하다 보면 스마트폰 이용 시간을 알게 되고 이용 시간을 조절할 수 있습니다. 사용 점검표는 인터넷의 사용 시간을 알아볼 때, 독서 시간을 알아볼 때 등 다양하게 활용하여 사용할 수 있습니다.

생활 계획표를 작성해 보는 것도 좋습니다. 아이가 스스로 생활 계획표를 작성하면 아이의 자율성을 높이는 데 도움이 됩니다. 자율성이 높아지면 자기 주도적으로 계획하고 행동할 수 있어 자기 조절력이 높아집니다.

생활 계획표를 작성할 때 '현재 생활 계획표'와 '미래 생활 계획표'를 나누어 작성해 봅니다. 현재 생활 계획표에는 계획 대신 실제 어떻게 시간을 보내는지 적습니다. 그러면 현재 생활하는 패턴을 이해하기 쉽고 미래 생활을 더욱 구체적이고 체계적으로 작성할 수 있습니다.

현재 생활 계획표는 아이가 어떻게 시간을 사용하고 있는지 알려줍니다. 현재 생활 계획표를 작성한 후 스마트폰 사용 시간이 너무 많지는 않은지, 중요하지 않은 일에 시간을 허비하고 있지는 않은지 아이가 직접 살펴보게 합니다. 미래 생활 계획표는 자신의 목표를 고려하여 일의 우선순위에 따라 작성해 봅니다. 계획은 아이가 실천할 수 있는 현실적인 내용으로 작성합니다. 지나치게 공부 시간을 늘리거나 무리한 계획을 세우게 되면 스트레스만 더 높아질 뿐입니다.

생활 계획표를 작성할 때는 행동을 서서히 바꾸어 나갈 수 있도록 계획하는 것이 좋습니다. 스마트폰 사용을 줄이기 위한 미래 생활 계획표를 작성한다면 스마트폰 대신에 할 수 있는 재미있는 활동을 계획해 봅니다. 가족과 함께 산책한다든가, 운동한다든가 아이가 좋아하는 활동을 할 수 있는 시간을 계획에 넣습니다. 즐거운 활동을 하면 스마트폰에 대한 집착을 줄일 수 있습니다. 아이가 미래 생활 계획표를 잘 지켰을 때 좋아하는 음식을 해 주거나 흥미 있어 하는 활동을 보상으로 제공하면 아이는 앞으로 계획을 더 잘 지키려고 노력하게 됩니다.

★ ★ ★

부모님은 아이가 일의 우선순위를 정해서
중요한 일에 먼저 집중할 수 있도록 도와주어야 합니다.
중요한 일에 집중하게 되면 자기 통제력이 높아지고
자기 조절력도 향상됩니다.

아이가 자발적으로 하게 만드는 강화의 원리

아이가 엄마의 말을 잘 들을 때 엄마는 아이에게 웃으며 미소 짓고 칭찬합니다. 남편이 설거지하고 청소를 할 때마다 아내는 남편에게 고마워하며 감사의 표현을 합니다. 이렇게 상대방이 바람직한 행동을 했을 때 미소, 칭찬, 보너스를 주어 바람직한 행동이 늘어나게 하는 것을 심리학 용어로 '정적 강화'라고 합니다.

정적 강화와는 달리, '부적 강화'라는 것이 있습니다. 부적 강화는 싫어하는 것을 제거하여 바람직한 행동을 늘리는 것입니다. 예를 들면 학교에 지각을 자주 하는 학생이 제시간에 등교하면 청소를 면제해 주는 것입니다. 수학 과제를 한 아이에게 아이가 싫어하는 방 청소를 빼 주는 것도 같은 원리입니다.

한편, 정적 강화나 부적 강화가 제공되어 바람직하지 않은 행동을 더 많이 하는 경우도 있습니다. 아이가 울면서 떼쓰면 관심이나 보상을 받을 수 있다는 것을 알기에 더 문제 행동을 보이는 일이 그러합니다.

'강화의 원리'는 일상생활 속에서 많이 활용되고 있습니다. 아이들이 게임에 빠지는 것도 강화의 원리에 의한 현상입니다. 게임을 오랫동안 계속하게 되면 레벨이 올라가거나 좋은 아이템을 얻을 수 있어서 게임에 빠지게 됩니다. 주말마다 할머니 댁에 가는 아이는 할머니가 맛있는 음식을 해 주고 아이가 원하는 것을 들어주기 때문에 할머니 집을 찾게 됩니다.

공부에 관심이 없는 아이에게 엄마가 걱정스러운 마음으로 "공부해."라고 말을 해도 아이는 엄마의 말을 쉽게 따르지 않습니다. 엄마의 잔소리에 공부가 더 싫어질 뿐입니다. 아이를 교육할 때 의도적으로 강화의 원리를 사용해 봅시다. 아이의 바람직한 행동을 늘리는 데 도움이 됩니다. 아이가 공부할 때 칭찬을 해 주거나 아이가 좋아하는 아이스크림을 사 주면 신나서 더 열심히 공부하게 됩니다.

아이가 바람직한 행동을 했을 때 칭찬해 주고 인정하며 격려해 준다면 바람직한 행동을 하는 빈도가 늘어나게 됩니다. 진심 어린 마음으로 "와! 혜진이가 집중해서 공부하는 모습을 보니 아빠는 너무 기쁘구나."와 같이 사랑과 인정의 표현을 하면 더욱 효과가 좋습니다. 공부를 열심히 하면 아이가 좋아하는 보상을 해 주겠다고 말한 뒤 약속을 잘 지킬 경우 아이의 자기 조절력은 향상됩니다. 부모님과 아이의 신뢰 관계 속에서 아이는 세상을 긍정적으로 바라보게 됩니다.

정적 강화나 부적 강화는 일상 생활 속에서 다양한 형태로 활용될 수 있습니다. 원하는 물건을 얻는 것, 친구의 관심을 받는 것, 과제를 수행하는 것 등에 강화의 원리를 적용해 봅시다.

어떤 행동 뒤에 정적 강화가 뒤따른다면 아이는 그 행동을 더 자주 하게 될 것입니다. 또 어떤 행동 뒤에 싫어하는 것을 제거해 준다면 그 행동도 많이 나타날 것입니다. 아이가 자발적으로 행동할 수 있도록 정적 강화의 원리와 부적 강화의 원리를 다양한 방식으로 실천해 봅시다.

★ ★ ★

정적 강화나 부적 강화는 일상 속에서
다양한 형태로 활용될 수 있습니다.
아이가 좀 더 바람직한 행동을 하게 할 수도 있습니다.

하기 싫은 일을 하게 만드는 프리맥의 원리

학생들에게 어떤 과목이 어렵냐고 물어보면 많은 학생이 수학이 어렵고 재미없다고 말합니다. 어렵고 공부하기 싫은 과목이라고 마냥 손을 놓아 버리면 성적은 더 떨어지게 마련입니다. 공부해야 성적을 올릴 수 있기에 싫어하는 과목이라고 무조건 피할 수만은 없는 일입니다.

많은 사람이 내가 좋아하는 활동은 쉽게 하지만, 내가 싫어하는 활동은 하기를 꺼립니다. 하기 싫은 활동을 하게 하는 방법이 있을까요? 이때 '프리맥의 원리'를 활용하면 도움이 됩니다.

프리맥의 원리는 선호하지 않는 행동을 먼저 한 다음 선호하는 행동을 하여 선호하지 않는 행동을 하는 비율을 높이는 것입니다. 예를 들어 보면 유튜브에서 힙합 음악을 듣는 것을 즐기는 영주에게, 하기 싫은 수학 과제를 먼저 한 뒤에 좋아하는 힙합 음악을 듣게 한다면 마치 보상처럼 느껴질 것입니다.

이처럼 아이가 싫어하는 과제나 공부를 한 후에 아이가 좋아하는 활동을 할 수 있도록 하는 것은 프리맥 원리를 활용한 것입니다. 아이가 하기 싫어하는 방 청소를 했을 때 용돈을 주어서 계속 방 청소를 하게끔 하는 것도 같은 원리입니다. 프리맥의 원리를 활용하면 하기 싫고 어려운 활동도 인내심을 가지고 해낼 수 있습니다.

반면에 아이가 맥이 빠지거나 모든 일에 흥미를 잃었을 경우에는 아이가 좋아하는 활동을 먼저 하게 하여 집중력을 높일 수 있습니다. 예를 들어 아이가 공부에 흥미를 잃었을 때 흥미를 느끼고 잘하는 과목을 먼저 공부하게 하면 집중력을 높일 수 있습니다. 집중력이 필요한 상황에서는 아이가 좋아하는 활동을 먼저 시작할 수 있도록 배려해 주어야 합니다. 집중력은 감정을 다스릴 수 있을 때 향상됩니다. 감정 조절을 잘하면 집중력도 향상됩니다.

아이가 하기 싫어하고 어려운 활동을 해야 할 때는 활동 시간을 조절하는 방법도 효과적입니다. 예를 들어 10~15분 정도의 짧은 시간 동안 어려운 수학 과제를 하고 잠시 휴식 시간을 가집니다. 그 후 시간을 조금 늘려 15~20분 정도 수학 과제를 하면 집중력을 높일 수 있습니다.

수학 과제를 하다가 잡념이 생기거나 하기 싫어지면 다른 과목으로 바꾸어서 공부해 봅니다. 그러면 집중력을 높일 수 있습니다. 집중력이란 비록 흥미가 없더라도 꼭 해야 하는 일에 집중하는 힘을 말합니다. 아주대학교 심리학과 박동혁 교수는 초등학생은 한 번에 30분, 중고등학생은 40~50분 정도 공부에 집중력을 발휘할 수 있다고 말합니다.

학습 영역에서 아이의 자기 조절력을 높이기 위해서는 부모의 꾸준한 관심이 필요합니다. 자기 조절력은 하고 싶은 것을 참고 견딜 줄 알며 하기 싫은 것도 해내는 능력을 말합니다. 이는 감정을 다스리고 끈기 있게 목표를 향해 다가갈 때 가능합니다. 아이가 목표 행동에 다가갈 수 있도록 상황에 따라 다양한 방법으로 격려해 주고 방향을 제시해 주는 것이 도움이 됩니다.

★ ★ ★

자기 조절력은 하고 싶은 것을 참고 견딜 줄 알며

하기 싫은 것도 해내는 능력을 말합니다.

프리맥의 원리를 활용하면

아이가 하기 싫고 어려운 활동도 인내심을 가지고 해낼 수 있습니다.

왜곡된 생각을 합리적 생각으로 바꾸는 법

요즘 공부할 때 자꾸 딴생각만 나고, 공부에 집중하기가 어려워요. 그래서 공부하다 말고 만화를 본다거나 스마트폰을 보게 되지요. 이렇게 공부를 게을리하다 보니 성적도 떨어져 공부에 더욱 흥미가 없어지네요. 성적표를 볼 때마다 제 마음속에는 '나는 정말 못난 아이야.', '학생이 공부를 못하니 정말 한심하고 보잘것없어.', '난 아무것도 잘하는 게 없는 멍청이야.' 같은 말만 떠올라 속상합니다.

이 사례에서처럼 부정적인 사건에 맞닥뜨렸을 때 머릿속에 스쳐 지나가는 '나는 정말 못난 아이야.', '공부를 못하니 정말 한심하고 보잘것없어.', '난 아무것도 잘하는 게 없는 멍청이야.'와 같은 생각을 '자동적 사고'라고 합니다. 인지 치료의 창시자로 알려진 아론 백은 사람들이 경험하는 심리적인 문제는 스트레스 사건을 겪었을 때 떠오르는 왜곡된 자동적 사고로 인해 발생한다고 했습니다.

부정적인 사고가 자동적으로 나타나는 것은 '역기능적 인지도식' 때문입니다. 역기능적 인지도식이란 한 개인의 일반적인 가치관과 믿음이 부정적일 경우를 말합니다. 어릴 적에 주 양육자의 사랑과 지지를 받지 못하면 '나는 가치가 없는 존재야.'와 같은 역기능적 인지도식이 자리 잡게 됩니다. 그래서 부정적인 상황에 맞닥뜨렸을 때 부정적 사고가 활성화되어 우울, 불안 등의 심리적인 문제가 나타나기 쉽습니다.

부정적인 믿음이나 편견에 사로잡혀 사건의 의미를 왜곡해서 받아들이게 되면 심리적인 문제가 나타납니다. 이럴 때 왜곡된 사고를 재구성하여 새로운 행동을 선택할 수 있도록 아이 곁에서 도와주어야 합니다. 아이가 부정적인 생각을 하고 있다면 이를 깨닫게 해 주고 아이의 잘못된 믿음을 찾아내어 보다 합리적이고 긍정적인 사고를 할 수 있도록 도와주어야 합니다. 부모님은 아이가 합리적인 사고를 통해 자신에게 도움이 되는 행동을 선택하도록 도울 수 있습니다.

승미와 엄마의 다음 대화를 살펴봅시다.

승미: 엄마, 오늘 성적표가 나왔는데, 저번보다 성적이 더 떨어졌어요. 거의 꼴찌에 가깝네요. 긴장을 너무 많이 해서 실수를 했어요. 난 정말 못난 멍청이 같아요. 나는 왜 항상 실수만 할까요?

엄마: 성적이 저번보다 더 떨어져서 많이 속상한 것 같구나. 마음이 아주 힘들어 보여. 성적표를 받았을 때 떠오른 기분이나 생각을 같이 나누어 볼까?

승미: 성적표를 받고 등수를 보니 너무 당황해서 손이 떨렸어요. 뒷골이 당기면서 가슴속에서 화가 치밀어 올랐어요. 그리고 내가 너무 못났고, 멍청이 같다는 생각이 들었어요. 집으로 돌아오는 길에 너무 속상하고 우울했어요.

엄마: 그랬구나. 시험을 잘 못 보았다고 해서 못났다, 멍청이 같다고 생각하는데, 이런 생각이 승미에게 도움이 될까?

승미: 좋지 않은 일이 생길 때마다 자꾸 저를 자책하는 말들이 떠올라서 괴로워요. 이런 생각이 별 도움은 되지 않겠죠.

엄마: 승미가 못났고 멍청이 같다는 생각이 정말 사실이라고 생각하니?

승미: (머뭇거리며) 요즘 성적이 너무 떨어져 이런 생각이 갑자기 떠올랐어요.

엄마: 그렇구나, 엄마는 네가 잘하는 것이 많은 아이라는 것을 알고 있어. 피아노를 잘 치고 노래도 아주 잘 부르지. 엄마는 승미가 이렇게 잘하는 것도 많이 있다는 사실을 잘 알지.

승미: 지금 생각해 보니 성적이 좀 떨어졌다고 해서 제가 멍청이라고 생각한 것은 너무 심하네요. 잘하는 것도 있으니 못난 사람은 아니라고 생각해요.

아이가 부정적인 생각에 초점을 맞출 때 아이가 인식하지 못하고 있는 긍정적인 특성에 초점을 맞추어 대화해 봅시다. 부모님이 아이의 긍정적인 면에 초점을 맞추어 대화하다 보면 아이 또한 부정적인 측면보다 긍정적인 측면에 초점을 맞추어 말하게 됩니다. 부정적인 생각에서 벗어날 때 문제에 대한 좋은 해결책이 떠오를 수 있습니다.

좋지 않은 일이 생겼을 때 우울해하다가 금방 마음을 추스르는 사람이 있는가 하면 오랜 시간 동안 우울해하며 고통스러워하는 사람도 있습니다. 이는 앞에서도 이야기했던 마음의 회복탄력성과 관련이 있습니다. 회복탄력성이 높으면 안 좋은 일이 있더라도 얼마 후 심리적인 안정을 되찾습니다. 회복탄력성이 높으면 감정 조절을 잘합니다. 감정 조절을 잘하는 사람은 합리적인 사고를 통해 자기를 조절할 줄 압니다.

회복탄력성이 낮은 사람은 자신의 실수를 탓하며 '나는 왜 항상 실수만 할까요?'라고 생각하며 우울해합니다. 회복탄력성이 높은 사람은 '어떻게 하면 앞으로 실수를 하지 않을까?'와 같이 생각합니다. 이렇게 앞으로 어떻게 해야 할지 방법을 생각해 보면 우울한 감정에서 벗어나 긍정적인 자세를 가질 수 있습니다.

성학: 우리 반에서 저보다 운동을 못하는 친구는 결코 아무도 없을 거예요.

엄마: 정말 한 사람도 없어? 반 친구들 모두 너보다 운동을 잘하나 보네.

성학: 꼭 그런 건 아닌 거 같아요. 세훈이는 저보다 확실히 운동을 잘해요. 생각해 보니 지원이, 지석이, 경은이가 운동하는 모습은 보지 못했네요.

엄마: 너보다 운동을 잘하는 친구가 모든 반 학생들에서 세훈이 한 명으로 바뀌었구나.

자녀가 '누구나', '항상', '언제나', '결코'와 같은 극단적인 표현을 자주 사용한다면 아이의 극단적인 표현에 대해 구체적으로 질문해 보는 것이 좋습니다. 이 사례에서 엄마가 말한 것처럼 "정말 한 사람도 없어? 반 친구들 모두 너보다 운동을 잘하나 보네."와 같이 질문을 던져 봅니다. 그러면 아이는 문제를 주의 깊게 살펴봄으로써 문제를 과장하는 대신 객관적이고 정확하게 인식하게 됩니다. 이를 통해 바람직한 해결책을 찾을 수 있습니다.

민수는 발표 불안으로 마음이 힘들어져 상담실을 찾았습니다. "발표할 때 실수하면 친구들이 저를 놀릴 것 같아요."라고 말하며 발표할 차례가 다가오면 너무나 불안해합니다. 민수는 '발표할 때 실수를 하면 친구들이 나를 우습게 알고 놀릴 거야.'와 같은 왜곡된 생각을 합니다. 그래서 민수에게 친구들과 선생님 앞에서 직접 발표하도록 해서 민수의 생각이 옳은지 알아보기로 했습니다.

이처럼 비합리적인 생각을 고쳐주기 위해 실제로 위험을 무릅쓰고 힘들어하는 일을 해 보도록 하기도 합니다. (물론 실제 경험해 보는 일은 자신이나 다른 사람에게 위험을 초래하거나 불법을 저지르는 일이 아니어야 합니다.) 고민하던 상황을 직접 경험해 봄으로써 '내가 생각했던 것과는 다르구나. 발표할 때 목소리가 떨렸고 말을 더듬었지만 친구들은 나를 우습게 알거나 조롱하지 않았어. 내 생각이 잘못되었구나.'라고 깨달을 수 있습니다.

다양한 상황 속에서 우리는 비합리적인 사고를 하는 경우가 많습니다. 비합리적인 생각으로부터 자유로워지고 나의 생각을 스스로 조절하기 위해 나의 생각을 작성해 봅시다. 부정적인 감정을 느낀 상황을 기록해 보고 어떤 생각이 스쳐 지나갔는지, 어떤 기분을 느꼈는지 적습니다. 이렇게 하면서 나의 감정을 알아차리고 합리적인 대안을 찾을 수 있습니다. 나아가 긍정적인 행동을 선택함으로써 삶에서 긍정적인 결과를 얻을 수 있게 됩니다.

★ ★ ★

아이가 부정적인 생각에 초점을 맞출 때
아이가 인식하지 못하는 긍정적인 특성에 초점을 맞추게 합니다.
부정적인 생각에서 벗어날 때
문제에 대한 좋은 해결책이 떠오를 수 있습니다.

8장

“어쨌든 인생은 자존감에서 시작한다”

엄마와 아이를 위한 자존감 연습법

자신을 사랑하라

서희가 상담실을 찾았습니다. 서희는 "엄마가 저 때문에 힘들어할까 봐 걱정돼요. 제가 엄마가 원하는 것을 맞춰 주지 못해서 엄마가 속상해할 것 같아요."라고 이야기하면서 우울한 표정을 지었습니다. 서희는 자신이 부모님의 기대와 요구에 부응하지 못한다고 생각하여 괴로워합니다. 부모님의 기대와 요구에 따라가기 힘들다고 느끼는 아이는 '나는 한심한 아이야.'라고 생각하며 마음의 상처를 받습니다. 이런 경우 아이는 자신을 사랑할 수 없고 자존감도 낮아지게 됩니다.

자존감은 자신을 사랑하고 존중하는 마음을 말합니다. 마음에 상처가 많은 아이는 자신을 부정적으로 평가하고 자존감이 낮습니다. 자존감이란 자신에 대한 무의식적인 평가입니다. 자존감이 높은 사람은 '나는 괜찮은 사람이야.', '나는 가치 있는 사람이야.'라고 생각합니다. 이와 반대로 자존감이 낮은 사람은 '나는 필요 없는 사람이야.', '나는 한심하고 보잘것없어.'와 같이 자신을 부정적으로 평가합니다.

자존감이 낮으면 거의 모든 사람이 자신을 싫어하리라 생각합니다. 그래서 사람들을 만나는 일 자체를 피합니다. 자존감이 낮으면 대인관계를 힘겹게 느낍니다. 반면 자존감이 높으면 상대방이 자신을 좋아하고 호감을 느끼리라 생각하고 다른 사람에게 자신의 의견을 당당하게 자신감을 가지고 말합니다.

어떤 부모님은 아이에게 "너 때문에 내가 이렇게 힘들게 된 거야.", "네가 태어나지 말았어야 했는데 태어났어."와 같이 말합니다. 이런 말을 듣고 자란 아이는 죄책감을 자주 느끼고 자존감도 낮아집니다. 자존감이 낮으면 살아가는 것이 힘들고 불행하다고 느낍니다.

자존감이 높아지면 마음의 상처도 자연스레 치유되고 행복감도 높아집니다. 자존감이 높으면 자해, 중독 등 자신을 파괴하는 행동을 할 확률이 낮습니다. 또한, 행동의 결과를 미리 생각해 본 뒤 자신에게 위험한 행동은 하지 않습니다. 자존감이 높은 사람은 자신을 사랑하기에 자신을 함부로 대하지 않고 스스로 감정을 조절해서 문제를 유연하게 풀어 갑니다.

감정을 조절하는 능력은 높은 자존감에서 비롯됩니다. 아이의 자존감을 높여 주는 방법은 아이를 있는 그대로 인정해 주고 존중하며 사랑해 주는 것입니다. 아이에게 조건이 붙은 사랑을 주는 것이 아니라 있는 그대로 가치 있고 소중하다는 것을 느끼게 해 주는 것입니다. 아이에게 '너는 정말 소중한 존재란다.', '넌 멋진 아이야.', '실수해도 괜찮아.'와 같이 사랑의 메시지를 전달해 봅시다.

판단, 비난, 비교, 강요, 통제하는 말은 자존감을 끌어내리고 아이의 마음에 상처를 줍니다. 모든 아이에겐 장단점이 있습니다. 훈육하기 위해 아이의 단점만을 꼬집어 이야기한다면 아이는 자신, 타인, 세상을 부정적으로 바라보고 자존감도 낮아질 것입니다. 자존감에 심한 상처를 입으면 우울, 불안, 무기력증 등의 심리적인 문제도 나타납니다.

부모님 눈에 많이 부족해 보이는 아이라 할지라도 작은 부분부터 관심을 기울이고 살펴보면 소소하게 칭찬할 점이 많이 있습니다. 칭찬해 줄 때는 결과보다 과정에 대해 칭찬해 주면 좋습니다. "열심히 노력하는 모습이 정말 멋져.", "끝까지 노력해 줘서 고마워."와 같이 노력을 칭찬해 줍니다. 중요한 것은 '최선을 다해 얼마나 노력했는가'입니다. 결과보다 과정을 칭찬해 준다면 자신의 노력이 인정받게 되어 더할 나위 없이 기쁠 것입니다. 그래서 더 노력하게 될 것이고 결국에는 더 좋은 결과를 얻게 될 것입니다.

아침에 일어나서 또는 밤에 잠들기 전에 '나는 사랑받을 만한 사람이야. 난 세상에 하나밖에 없는 소중한 사람이야.'라고 마음속으로 2~3분간 말해 봅니다. 어떤 상황으로 인해 마음이 불안할 때 '괜찮아. 잘 될 거야.'라고 마음을 토닥여 줍시다. 나 자신을 사랑하는 방법입니다.

나 자신과 아이에게 따뜻한 관심과 사랑을 주세요. 그렇게 아이의 자존감을 높여 준다면 아이는 '나는 멋진 아이야. 사람들은 나를 사랑하고 좋아할 거야.'라고 생각하며 자기를 아끼고 사랑하게 됩니다.

★ ★ ★

매일 아침 마음속으로 2~3분간 말해 봅니다.

'나는 사랑받을 만한 사람이야.'

'난 세상에 하나밖에 없는 소중한 사람이야.'

자신을 위로하라

엄마와 아빠는 제가 어릴 적부터 거의 매일 싸우셨어요. 싸울 때 엄마는 거친 목소리로 고함을 질렀고 아빠는 물건을 집어 던져 부수기도 했어요. 부모님이 싸울 땐 저는 제 방에 들어가 음악을 크게 틀어 놓고 울었어요. 제가 할 수 있는 것은 아무것도 없으니까요. 어릴 적에 장난감을 가지고 놀 때는 부부 싸움 놀이를 자주 했어요.

엄마가 부부 싸움을 하다가 팔에 피를 흘리는 꿈을 자주 꾸어요. 괴로운 꿈을 꾸고 나면 심장이 두근두근하며 고통스러웠어요. 학교에서 집으로 돌아올 때 길거리에서 갑자기 큰 소리가 나면 부모님이 싸우는 장면이 떠올라 너무 괴로워서 빨리 도망쳐 집으로 와요.

요즘은 제가 좋아하는 보드게임에도 관심이 없어지고 모든 것에 흥미를 잃었어요. 친구들과도 사이가 멀어진 느낌이에요. 학교에 가도 즐겁고 행복하다는 감정은 느껴지지 않아요.

정신적 충격을 겪은 후에 느끼는 감정과 생각은 사람마다 다릅니다. 트라우마 사건 후에 마음에 안정을 찾고 일상생활을 잘 영위하는 사람이 있는가 하면, 과민하게 놀라는 반응, 무모하거나 자기 파괴적인 행동, 집중의 어려움, 수면의 어려움 등을 호소하는 사람도 많습니다. 트라우마 사건과 관련된 상황을 피하기도 하고 고통스러운 기억이 불현듯 찾아와 심리적인 고통을 호소하기도 합니다.

외상 후 스트레스 장애 증상을 나타내는 사람에게 도움이 되는 치료 기법 중의 하나로 '나비 허그' 동작이 있습니다. 루시나 아티가스가 개발한 기법으로 트라우마 치료에 주로 사용됩니다. 평소에도 자기 위로가 필요할 때, 마음이 아프고 힘들 때 반복적으로 사용하면 심리적인 안정을 찾을 수 있습니다.

나비 허그는 고통스러운 감정이나 생각에 휩싸여 마음이 불안하고 아플 때 도움이 됩니다. 우울, 불안 등의 심리적인 고통을 호

나비 허그 동작

소하는 사람, 일상생활에서 쌓인 스트레스를 해소하고자 하는 사람, 자존감을 높이고 싶은 사람, 감정 조절을 해야 하는 사람, 마음의 평안을 얻고 싶은 사람 등 누구나 손쉽게 이용할 수 있습니다.

나비 허그 동작을 할 때, 눈을 감아도 좋고, 눈을 떠도 좋습니다. 편안한 장소에서 동작을 따라 해 보시길 바랍니다.

먼저, 오른손을 왼쪽 어깨에, 왼손을 오른쪽 어깨에 X자로 포개어 올려 놓습니다. 그다음 손가락 끝에 힘을 주며 자신의 어깨를 토닥여 줍니다. 나비가 날갯짓을 하는 것과 유사한 동작입니다. 손을 천천히 움직이며 양손을 같은 속도로 움직여도 좋고, 오른손과 왼손을 번갈아 가며 토닥여도 좋습니다. 편안하게 호흡하며 5분 정도 같은 동작을 반복합니다. 5분이 지난 후에 나의 몸과 마음이 어떻게 변화되었는지 느껴 봅니다. 나의 감정에 긍정적인 변화가 나타났다면 그 느낌은 어떤 느낌인지 집중해서 느껴 봅니다. 이러한 동작을 매일 반복하다 보면 우울하고 불안했던 감정이 진정되어 편안해집니다.

나비 허그를 하면 불안했던 마음이 가라앉고 파도처럼 요동치던 감정도 잠잠하게 가라앉습니다. 갓난아기가 울면 엄마가 팔로 토닥토닥 두드려 줍니다. 그러면 아기는 울다가도 울음을 뚝 그치며 다시 편안한 표정으로 잠이 들곤 합니다. 어머니의 사랑이 담긴 토닥임을 기억하며 이제는 내 마음이 아플 때 나 자신을 껴안아 줍시다. 나비 허그를 반복적으로 사용하면 마음이 안정되고 평온해집니다. 나를 사랑하기 위해서는 먼저 나 자신을 위로해 주는 것이 필요합니다.

★ ★ ★

두 팔로 자신을 감싸는 나비 허그 동작을 반복하면
마음이 안정되고 평온해집니다.
아이에게 자신을 위로하는 방법을 알려 주세요.

존재감을 드러내라

윤철이가 작은 목소리로 "저는 부모님에게 도움이 안 되는 사람 같아요. 매일 부모님 속만 썩여 드려서…."라고 말합니다. 윤철이는 자기가 부모님께 도움이 되지 않아 속상하다고 합니다. 윤철이의 성적표를 본 엄마가 화나서 "너는 아무짝에도 쓸모가 없어."라는 말을 했습니다. 그래서 윤철이는 '나는 도움이 안 되는 사람이구나.'라고 자책합니다.

사람들에게 비난하는 말과 나쁜 평가를 계속해서 듣는다면 어떻게 될까요? 비난받은 사람은 스스로 자신을 부정적으로 평가하게 되고 자존감도 떨어지게 됩니다. 자신은 가치 없는 존재이고 다른 사람에게 별 도움이 되지 않는 사람이라고 생각할 때, 자신감이 없어지고 삶에서 느끼는 만족도도 떨어집니다. 존재감이 사라지는 것입니다.

사람은 누구나 다른 사람에게 도움이 되기를 바랍니다. 또한 다른 사람의 칭찬과 관심을 갈구합니다. 우리는 누군가에게 인정받고 가치 있는 존재가 되기를 원합니다. 다시 말하면, 존재감 있는 사람이 되길 바랍니다.

존재감, 즉 다른 사람에게 가치 있는 존재가 된다는 것은 다른 사람이 나를 인정해 줄 때 가능합니다. 상대방이 나를 가치 있는 사람으로 여길 때 존재감은 생겨납니다. 아이는 그 자체만으로도 소중한 존재입니다. 부모님이 아이에게 인정하고 격려하는 말을 자주 해 주면 아이는 '내가 도움이 되는 사람이구나.', '내가 존중받을 만한 가치 있는 사람이구나.'라고 생각하게 됩니다. 그리고 자존감이 높아지고 자기 자신을 존중하게 됩니다.

학교에서 뛰어난 성적을 받지 못하지만, 기타 동호회에서는 리더 역할을 하며 자신의 존재감을 드러낼 수 있습니다. 회사에서는 평범한 직원이지만 가정에서는 아이와 잘 놀아 주는 재미있는 아빠일 수 있습니다.

항상 존재감을 드러내고 남들에게 인정받으면 좋겠지만 그러지 못한다고 해서 주눅 들거나 자신을 비하할 필요는 없습니다. 사람마다 존재감을 드러낼 수 있는 영역이 있기 때문입니다. 스스로의 존재감을 느끼는 사람은 마음을 열고 사람들과 소통하며 겸손한 자세로 살아 나갑니다. 또한, 용기와 책임감을 느끼고 다른 사람을 도울 줄 압니다.

부모님은 소중한 아이가 가정, 학교, 사회에서 존재감을 드러내도록 도와줄 수 있습니다. 친구가 어려워하는 과제를 도와주는 것, 학교에 지각하지 않고 제시간에 등교하는 것, 공부를 열심히 하는 것, 가족들이 청소할 때 함께 돕는 것과 같이 자신과 다른 사람에게 도움을 주는 행동은 자신을 빛나고 가치 있는 존재로 만들어 줍니다.

우리 아이에게 어떤 강점이 있는지 살펴보고, 이 강점으로 가족이나 학교, 사회에 이바지할 수 있는 일은 무엇이 있는지 함께 찾아보면 어떨까요?

★ ★ ★

친구가 어려워하는 과제를 도와주는 것,
학교에 지각하지 않고 제시간에 등교하는 것,
가족들이 청소할 때 함께 돕는 것과 같이
자신과 다른 사람에게 도움을 주는 행동은
자신을 빛나고 가치 있는 존재로 만들어 줍니다.

예외 질문으로 자존감을 높여라

평소 얌전하고 내성적인 다영이가 상담실을 찾았습니다. 다영이는 "저는 목소리가 너무 작아서 고민이에요. 친구들이 저에게 말을 걸 때 제 목소리가 작아서 잘 안 들린다고 짜증을 내요. 그래서 속상해요."라고 말합니다. 다영이는 자기 목소리가 작아서 다른 사람에게 항상 불편을 준다고 생각합니다.

이런 다영이에게 "다영아, 네가 살아오면서 목소리를 크게 하면서 이야기를 나눈 적이 있었는지 함께 생각해 볼까?"라고 '예외 질문'을 했습니다.

예외 질문은 평소에 잘하고 있지만 미처 깨닫지 못한 강점을 발견하고 강화하도록 돕는 질문을 말합니다. 다영이는 "그러고 보니 저는 동생이랑 이야기할 때는 목소리가 커요. 동생이 저보고 공부할 때 방해된다고 목소리 좀 작게 해 달라고 한 적도 있어요."라고 대답합니다.

평소에 내성적이고 위축되어 친구들 앞에서 자신감 있게 큰 목소리로 말하지 못했던 다영이에게 예외적인 상황은 없었냐고 질문해 보았습니다. 그러면 일상생활에서 의식하지 못했던 모습, 자신감 있고 당당했던 자신의 모습을 알아차리게 됩니다. 다영이는 '내가 목소리가 작은 것이 아니었구나. 편한 동생에게는 자신감 있게 큰 목소리로 이야기하고 있었구나.'라며 자신의 새로운 모습을 발견합니다.

다영이가 예외적인 자신의 모습을 발견하면 "그러고 보니 다영이가 자신감 있고 큰 목소리로 말했던 적이 있었구나. 목소리가 작게 나올 때와 크게 나올 때 어떻게 다를까?"라고 질문해 봅니다. 다영이는 질문에 답하기 위해 상황에 따라 달라지는 자신의 모습을 관찰하고 점검해 보게 됩니다. 아이에게 문제가 조금이라도 나아진 적이 있었는지 물어봅니다. 그러면 아이는 성공했던 경험을 떠올려 보게 되고 부모님은 이러한 성공 경험을 계속 활용할 수 있도록 아이를 격려해 주면 됩니다.

어떤 아이는 자신은 잘하는 게 없어서 지금까지 칭찬을 받아 본 적이 없다고 합니다. 이 아이에게 "살아오면서 사소한 일이라도 칭찬받았던 적은 언제였니?"라고 질문해 보았습니다. 그때 아이는 자신이 칭찬받았던 상황을 떠올려 보고 자신이 어떻게 행동했을 때 칭찬받았는지 알게 됩니다. 칭찬받았던 일을 발견해 내고 그때의 기억을 떠올리며 자신이 잘할 수 있는 부분에 집중하여 그 행동을 강화할 수 있습니다.

예외 질문은 부정적인 관점으로 문제를 바라보는 아이, 사소한 실수를 자기 잘못으로 돌려 책망하는 아이에게 사용하면 좋습니다. 예외 질문으로 아이가 평소에 깨닫지 못했던 자신의 강점을 발견하게 도울 수 있습니다.

부모님이 아이의 강점을 칭찬해 주면 강점이 더욱 강화되어 아이는 자신의 능력을 마음껏 발휘할 것입니다. 자신의 강점을 활용한 아이는 자신감, 자존감이 높아지고 당당하고 멋진 삶을 그려 나가게 됩니다.

★ ★ ★

부정적인 관점으로 문제를 바라보는 아이,

사소한 실수를 자기 잘못으로 책망하는 아이에게

예외 질문을 사용하면 도움이 됩니다.

예외 질문은 아이가 인식하지 못한 자신의 강점을 발견하게 합니다.

대처 질문으로 문제를 해결하라

서영이는 친구들이 자신을 미워한다고 말합니다. 학교에 가면 반 친구들이 자기들끼리만 이야기를 나누고 서영이를 외면하여 속상하다고 합니다. 친구들 사이에 끼어 보려고 인사를 하고 말을 걸어 봤지만 친구들은 차가운 눈빛으로 서영이를 외면했다고 합니다. 이렇게 따돌림을 당하는 상황이 되자 서영이는 자신이 못난 것 같고 친구들이 무서워 학교에 가기 싫다고 합니다.

친구들의 따돌림으로 학교에 가기 싫어하는 서영이를 도울 수 있을까요? 어렵고 힘든 상황을 겪고 있는 아이에게 '대처 질문'을 사용하면 도움이 됩니다. 대처 질문은 해결중심 상담에서 사용하는 상담 기법으로 힘든 상황 속에서 어떻게 대처해 왔는지 질문하는 것입니다.

"그렇게 힘든 상황에서 어떻게 견딜 수 있었어?"라고 아이에게 대처 질문을 해 봅니다. 그러면 아이는 "힘들었지만, 엄마가 제 고민을 들어 주고 이해해 주어서 참을 수 있었어요."와 같이 대답합니다. 힘든 상황 속에 있는 아이에게 엄마가 든든한 힘이 되어 준 것입니다. 대처 질문을 통해 아이는 자신을 지지해 주는 자원과 강점을 발견할 수 있습니다.

좌절감을 맛본 아이에게 대처 질문을 사용하면 성공적인 경험을 떠올리며 희망을 찾을 수 있습니다. 힘든 상황을 참고 견뎌 온 것에 대해 칭찬하고 격려해 주면 부정적인 감정과 생각을 줄일 수 있습니다. 또한 아이는 대처 질문에 답을 하면서 자신이 무력한 존재가 아니라 대처할 힘이 있는 존재라는 것을 깨닫게 됩니다. 아이와 대화할 때 대처 질문을 활용하면 아이가 힘든 상황에서 벗어날 수 있습니다.

대처 질문은 "지금까지 너를 견디게 한 것은 무엇일까?", " 그렇게 힘들었는데 어떻게 견뎌 낼 수 있었니?"와 같은 방식으로 사용합니다. 미래를 부정적으로 바라보고 희망을 품지 못하는 아이에게 사용하면 도움이 됩니다.

부정적인 점보다는 긍정적인 부분에 초점을 맞추어 문제를 해결하려 할 때 좀 더 바람직하고 긍정적인 결과를 얻게 됩니다. 아이들에게는 스스로 문제를 풀어낼 만한 자원과 능력이 있습니다. 아이가 문제를 해결하지 못하여 좌절하고 있을 때 대처 질문을 사용하여 아이가 과거에 성공했던 경험을 떠올리도록 도와줄 수 있습니다. 그러면 아이는 미래에 대한 희망을 품고 자신의 힘으로 문제를 해결해 나갈 것입니다.

* * *

좌절감을 맛본 아이에게 대처 질문을 사용하면
희망적이고 성공적인 경험을 떠올릴 수 있습니다.
힘든 상황을 참고 견뎌 온 것에 대해 칭찬하고 격려해 주면
부정적인 감정과 생각을 줄일 수 있습니다.

기적 질문으로 기적을 일으켜라

정은이는 친구에게 말을 거는 것이 두려워 항상 혼자 지냅니다. 학교에서는 혼자 책을 읽고 학원에서는 친구들을 피해서 잠시 화장실에 숨어 있다가 수업 시간에 맞추어 들어갑니다. 정은이는 '모두 나를 싫어할 거야.'라고 생각하면서 사람들을 피해 다닙니다. 정은이는 매일 우울하고 아무것도 하기 싫습니다. 집에 가면 피곤해서 계속 잠만 잡니다.

정은이는 비관적인 생각에 사로잡혀 있습니다. 미래를 부정적으로 바라보고 사소한 걱정에도 우울해합니다. 정은이와 같은 아이에게 고민이 해결된 상황을 상상하게 하여 희망적인 미래를 떠올릴 수 있도록 도울 수 있습니다. '기적 질문'은 해결중심 상담의 기법 중 하나로 내담자에게 기적이 일어난 것처럼 문제가 해결된 상황을 구체적으로 상상해 보도록 합니다. 기적 질문을 활용한 사례를 살펴봅시다.

상담 선생님: 오늘 밤 정은이가 잠을 자는 동안에 기적이 일어나 정은이의 문제가 말끔히 해결되었다고 생각해 봅시다. 내일 아침에 눈을 떴을 때 무엇을 보고 기적이 일어난 것을 알 수 있을까요?

정은: 제가 친구들과 즐겁게 웃고 장난치고 노는 모습이 상상돼요. 친구와 이야기 하는 것이 부담되지 않고 오히려 기쁘고 좋아요. 친구들과 함께하는 것이 참 좋아요.

상담 선생님: 어떤 모습으로 달라진 것을 알 수 있나요?

정은: 제가 친구들에게 먼저 말을 거는 것이요. 친구들에게 먼저 말을 거는 것이 두려웠는데 두려움이 사라졌어요. 그리고 제가 너무 행복하게 웃고 있어요.

항상 슬프고 외로웠는데 이제는 즐거워요. 친구들도 저와 함께 웃고 있어요.

기적 질문은 문제에 집착하고 미래를 비관적으로 생각하는 아이에게 사용하면 도움이 됩니다. 기적 질문을 통해서 아이는 희망찬 미래를 경험하고 긍정적인 삶의 목표를 가질 수 있습니다.

생각은 감정과 행동에 많은 영향을 미칩니다. 낙관적인 생각을 하면 즐겁고 행복한 감정을 느끼게 되고, 적극적으로 행동하게 됩니다. 하지만 오래된 습관으로 인해 자신의 부정적인 생각을 바꾸기 힘들다면 먼저 기적이 일어난 것처럼 행동을 의도적으로 바꾸어 보세요. 행동이 바뀌면 감정과 생각은 자연스럽게 변화됩니다.

우울해하는 아이에게 부정적이고 왜곡된 생각을 바꿔 보라고 해 보아도 생각이 쉽게 변화되지 않습니다. 왜냐하면 습관화된 생각은 한순간에 바꾸기 어렵기 때문입니다. 생각을 바꾸려면 많은 노력이 필요하고 생각을 행동으로 옮기는 것에는 꾸준한 실천이 필요합니다.

우울할 때 아무것도 하기 싫고 움직이기 싫지만 활기찬 것처럼 행동하면 우울감은 사라집니다. 우울한 사람은 어깨를 구부리고 땅만 바라보고 힘없이 걷지만, 활력이 있는 사람은 어깨를 펴고 사람들과 눈을 마주치며 자신감 있게 걷습니다. 의도적으로 가슴을 활짝 열고 어깨를 펴고 당당하게 걸으면 기분이 좋아집니다. 얼굴을 찡그리는 대신 행복한 것처럼 입을 활짝 벌리고 웃으면 뇌는 기분이 좋은 것으로 착각한다고 합니다.

기적이 일어난 것처럼 상상하고 먼저 행동을 바꾸어 봅시다. 활기차게 웃고 당당하게 행동하는 내 모습을 상상하며 행동으로 옮겨 봅니다. 당당하고 적극적인 행동을 한다면 우울한 감정과 부정적인 생각에서 벗어날 수 있습니다. 진취적인 행동은 삶에 희망과 용기를 가져다줍니다.

★ ★ ★

오래된 습관으로 인해 자신의 부정적인 생각을 바꾸기 힘들다면
먼저 기적이 일어난 것처럼 행동을 의도적으로 바꾸어 보세요.
행동이 바뀌면 감정과 생각은 자연스럽게 변화됩니다.

최선의 행동을 선택하라

사람은 다양한 욕구를 가지며 그 욕구를 충족하기 위해 행동합니다. 현실 치료의 창시자인 윌리엄 글래서는 인간에게 5가지 심리적인 욕구가 있다고 말했습니다. 바로 생존, 사랑, 즐거움, 힘, 자유의 욕구입니다.

생존의 욕구는 생명을 유지하고 생리적 안정을 추구하려는 욕구입니다. 사랑의 욕구는 가정이나 학교 등에 소속되어 관심과 사랑을 받고자 하는 욕구를 말합니다. 즐거움의 욕구는 놀이하거나 새로운 것을 배우면서 즐거움을 느끼고자 하는 욕구입니다. 힘의 욕구는 무언가를 성취하고 경쟁에서 이기려는 욕구입니다. 자유의 욕구는 자유롭게 선택하고 행동하고 싶은 욕구를 말합니다.

현실 치료 이론에 따르면 사람들은 심리적인 욕구를 충족하기 위해 행동한다고 합니다. 사람마다 원하는 것이 다르고 중요하게 생각하는 욕구는 다릅니다. 그러나 욕구를 충족하고자 하는 마음은 같습니다. 사람들은 심리적 욕구를 효과적인 방법으로 충족시키지 못했을 때 힘들고 불행하다고 느낍니다.

그럼 효과적인 방법으로 욕구를 채우지 못한 사례를 살펴봅시다.

민진이는 친구들에게 사랑을 받고 싶습니다. 그래서 엄마의 지갑에 손을 대 그 돈으로 친구들에게 아이스크림을 사 줍니다. 친구의 관심과 사랑을 받기 위해서 엄마의 돈을 훔치는 것은 건강하지 못한 방식으로 행동한 것입니다.

친구들에게 사랑받고 싶은 마음이 커서 학교 밖 친구들과 어울려 등교하지 않고 술이나 담배를 하는 아이들도 있습니다. 욕구를 건강한 방식으로 풀지 못한 또 다른 예입니다.

태수는 마음이 울적하여 즐거워지기를 원합니다. 그래서 과제는 하지 않고 온종일 게임에만 몰두합니다. 태수는 게임하는 행동을 스스로 선택했지만, 게임을 하느라 학교 과제를 하지 못했습니다. 태수의 행동은 태수에게 전혀 도움이 되지 않는 결과를 낳았습니다. 태수는 즐거움의 욕구를 충족하기 위해 노력했지만, 바람직한 행동을 선택하지 못하여 결국 좋지 못한 결과를 얻었습니다.

평소에 내가 진정으로 원하는 것이 무엇인지 곰곰이 생각해 본 적이 있나요? 다른 사람의 욕구에 이끌려 수동적인 삶을 사는 것은 아닌지, 내가 원하는 것은 무엇인지 진지하게 살펴볼 필요가 있습니다. 다른 사람의 말과 행동에 이끌려 살면서 자기 생각은 무시한 채 의존적으로 살아간다면 마음속 깊은 곳에서 자유롭게 살고 싶은 욕구가 샘솟아 오를 것입니다. 나의 욕구를 구체적으로 파악해서 자신이 원하는 삶을 살아가는 것은 몸과 마음을 건강하게 하고 자존감을 높입니다.

윌리엄 글래서와 로버트 우볼딩은 욕구를 효과적인 방법으로 해결하는 방법으로 'WDEP 모델'을 제시했습니다. WDEP 모델은 'W(Want)-바람, D(Doing)-행동, E(Evaluation)-평가, P(Planning)-계획'을 토대로 하는 상담 과정입니다.

행동의 변화를 위한 WDEP 상담 과정은 다음과 같습니다.

먼저 아이가 정말 원하는 것이 무엇인지 생각해 보는 단계입니다. 아이에게 무엇을 바라는지 질문해 봄으로써 아이가 원하는 것을 구체적으로 파악할 수 있습니다.

아이가 원하는 것이 무엇인지 알게 되었다면, 이제는 원하는 것을 얻기 위해서 어떤 행동을 하고 있는지 아이의 현재 행동에 초점을 맞추어 봅니다. "지금 너는 무엇을 하고 싶니?", "지난주에 어떤 일을 했어?"와 같이 질문합니다.

그리고 아이에게 자신의 행동을 평가하게 해 봅니다. "네가 선택한 행동이 너에게 도움이 되니? 해가 되니?"와 같이 질문하여 자신이 선택한 행동이 나와 상대방에게 유익한 행동인지, 원하는 것이 현실적으로 달성 가능한 일인지 스스로 평가해 봅니다. 가령 힘 있는 사람이 되고 싶어서 학업을 포기하고 사업을 하려고 뛰어드는 초등학생이 있다고 합시다. 아이의 이러한 행동은 현실적으로 이루어지기 힘들고 초등학교의 기본 교육을 받지 못한 상태에서 사회생활을 시작하는 것은 자신에게 유익하지 않습니다.

마지막으로 행동을 변화하기 위한 계획을 세워 봅니다. 예를 들어, 집중해서 공부하기 위해서는 앞으로 어떻게 행동하면 좋을지 계획해 봅니다. 친구들과 잘 지내기 위해서는 어떻게 행동하는 것이 도움이 될지 생각해 봅니다. 우볼딩은 효율적인 계획을 세우기 위해 고려할 사항으로 'SAMIC3'를 제시했습니다.

효율적인 계획을 세우기 위해 고려해야 할 것(SAMIC3)

단순해야 한다(Simple).

이룰 수 있는 것으로 작성한다(Attainable).

양적으로 측정 가능해야 한다(Measurable).

바로 실행할 수 있어야 한다(Immediate).

일관되어야 한다(Consistent).

실천하는 사람이 통제 가능한 것이어야 한다(Controlled).

실천할 수 있는 것이어야 한다(Committed).

만약 아이가 행동 계획을 세운 뒤 실패하더라도 또 다른 계획을 세워 실천할 수 있도록 격려해 주는 것이 좋습니다. 아이가 계획을 지키지 못했다고 해서 비난하거나 벌을 주어서는 안 됩니다. 아이가 자신의 욕구를 충족하기 위해 건강한 방식으로 행동해 나간다면 삶의 만족도가 높아지고 학교에서 적응하기 쉬워집니다.

또한, 아이의 정체성 형성에 긍정적인 영향을 미치고 자존감도 향상됩니다.

★ ★ ★

자기 생각은 무시한 채 다른 사람의 말과 행동에 이끌려 산다면, 마음속 깊은 곳에서 자유롭게 살고 싶은 욕구가 샘솟아 오릅니다. 나의 욕구를 구체적으로 파악해서 원하는 삶을 살아야 합니다.

아이의 감정 조절부터 엄마의 마음챙김까지

초등 감정 연습

1판 1쇄 2020년 10월 5일
1판 2쇄 2020년 11월 2일

지은이 박태연
펴낸이 유경민 노종한
기획마케팅 1팀 우현권 **2팀** 정세림 금슬기 최지원 현나래
기획편집 1팀 이현정 임지연 **2팀** 김형욱 박익비 **라이프팀** 박지혜
디자인 남다희 홍진기
교정교열 김영은
펴낸곳 유노라이프
등록번호 제2019-000256호
주소 서울시 마포구 월드컵로20길 5, 4층
전화 02-323-7763 **팩스** 02-323-7764 **이메일** uknowbooks@naver.com

ISBN 979-11-91104-00-4 (13590)

• — 책값은 책 뒤표지에 있습니다.
• — 잘못된 책은 구입하신 곳에서 환불 또는 교환하실 수 있습니다.
• — 유노라이프는 유노북스의 자녀교육, 실용 도서를 출판하는 브랜드입니다.
• — 이 도서의 국립중앙도서관 출판예정도서목록(CIP)은 서지정보유통지원시스템 홈페이지(http://seoji.nl.go.kr)와 국가자료공동목록시스템(http://www.nl.go.kr/kolisnet)에서 이용하실 수 있습니다.(CIP제어번호: CIP2020039328)